Galileo 科學大圖鑑系列

VISUAL BOOK OF THE OCEAN
海洋大圖鑑

前言

地球上的遼闊海洋有著許多不同的面貌：

度假勝地的白色沙灘與蔚藍海洋、

賜予我們餐桌上各種海產的海洋、

孕育了鯨豚及海龜等生物的海洋。

海洋還可作為風力發電的基地，

陸地的天候也深受海洋的影響。

另一方面，光線無法抵達的深海有如宇宙一般是個未知世界。

我們甚至無法精準回答海洋是在什麼時候、以什麼方式形成。

本書將從科學的角度描述海洋的各個面向。

第一章以各種資料介紹海洋是什麼；

第二章講解海中的各種生物；

第三章將介紹充滿謎團的深海世界及其研究歷史；

第四、五章會分別介紹海洋與天候、與人類社會的關係。

我們日常生活中接觸的海洋只是其中一小部分。

盡情徜徉遼闊又深奧的海洋世界吧。

VISUAL BOOK OF THE OCEAN 海洋大圖鑑

0 海洋之美

太平洋 006
泥灘 008
珊瑚礁① 010
珊瑚礁② 012
潮流 014
北冰洋 016
南冰洋 018
深海 020

1 海洋的面貌

世界的大洋 024
海水水量① 026
海水水量② 028
海水成分 030
COLUMN 海的氣味 032
海洋的功能 034
洋流 036
洋流流量 038
COLUMN 黑潮 040
洋流的成因① 042
洋流的成因② 044
COLUMN 科氏力 046
海底地形 048
海洋生物 050
波浪 052
海嘯 054
COLUMN 潮汐 056
COLUMN 潮汐節律 058
海洋的起源① 060
海洋的起源② 062
COLUMN 海水分析 064
地球外的水 066
洋脊與海溝 068
熱點 070
地震 072
中洋脊 074
COLUMN 洋流與生態系 076

2 海洋生物

海洋與生命 080
海洋生態系 082
鯨豚類 084
其他海洋哺乳類 086
魚類 088
海龜 090
甲殼類 092
軟體動物 094
鯊魚 096
岩灘生物 098
珊瑚 100
洄游魚類 102

3 深 海

深海分層 106
深海探勘 108
深海生物① 110
深海生物② 112
大王烏賊 114
化學合成生態系 116
鯨落 118
海底熱泉 120
COLUMN 生命的起源 122
深海探測器① 124
深海探測器② 126
深海探測器③ 128
深海探測器④ 130
COLUMN 載人研究潛水船 132
深海鑽探船「地球號」① 134
深海鑽探船「地球號」② 136
溫躍層 138
最小含氧層 140
海洋雪 142

4 海洋與全球氣候

水循環 146
溫鹽環流 148
COLUMN 新仙女木期 150
海洋與大氣 152
海面水溫 154
西歐氣候 156
颱風、颶風、氣旋 158
海風 160
季風 162
沙漠 164
沿岸湧升流 166
赤道湧升流 168
聖嬰現象① 170
聖嬰現象② 172
IOD 174
全球暖化與海洋 176

5 海洋與人類

海洋資源① 180
海洋資源② 182
石油與天然氣 184
甲烷水合物 186
金屬資源 188
海底熱液礦床 190
海水資源 192
海洋能 194
漁業① 196
漁業② 198

基本用語解說 200
索引 202

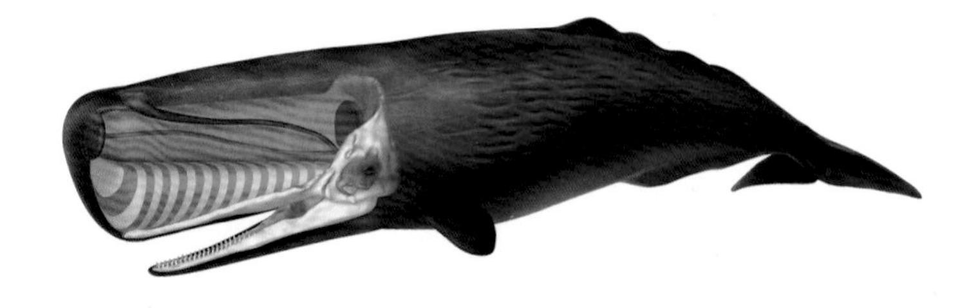

地球上最大的海洋

燈塔的前方是廣闊的太平洋。太平洋是地球上面積與體積最大的海洋。包含白令海、日本海、東海等附屬海域在內，面積達1億8000萬平方公里。太平洋占了地球海洋一半的面積。太平洋之名源自於葡萄牙探險家麥哲倫（Ferdinand Magellan，1480～1521），他在繞行地球一周的航程中看到太平洋平靜的洋面，將其命名為「Mar Pacifico」（平靜海）。

各種生物在此棲息並淨化水質

一隻蒼鷺在泥灘（mud flat）上行走。泥灘又稱潮灘、潮埔，位於潮間帶（intertidal zone）※上，布滿泥砂。由河水與海水帶來的砂土堆積在海岸、河口等處，就會形成泥灘。這些砂土富含有機物與浮游生物，吸引以此為食的魚類、貝類、鳥類等多種生物聚集。

泥灘具有「淨化水質」的重要功能。流入大海的生活廢水含有大量有機物與氮、磷等污染物。棲息於泥灘的生物會去除這些汙染物，淨化水質。

※：乾潮時露出海面，滿潮時被海水淹沒的地方。

由珊瑚骨骼構成的廣大地形

珊瑚礁是由造礁珊瑚（hermatypic coral）等生物的石灰質骨骼堆積而成的廣大地形。照片為世界上最大的珊瑚礁地帶「大堡礁」（Great Barrier Reef），位於澳洲東北部外海且綿延2300公里，名列世界自然遺產。

近年來在全球暖化的影響下，世界各地紛紛出現珊瑚白化現象，造成很大的環境問題。（第二章將詳細介紹珊瑚白化現象）

珊瑚的周圍有多種生物聚集

前頁提到了大堡礁，本頁照片即為海中拍攝的大堡礁。造礁珊瑚周圍聚集了魚類等諸多生物。對這些生物來說，造礁珊瑚是極佳的巢穴與躲藏地點。造礁珊瑚與小型藻類（蟲黃藻）共生，蟲黃藻會行光合作用吸收大量二氧化碳，並提供氧氣給珊瑚。

潮流產生的巨大漩渦

潮汐產生的海水流動稱為潮流或潮汐流。照片是在鳴門海峽拍攝的「渦潮」。流速快的潮流與流速慢的潮流衝撞彼此，形成巨大的漩渦。大潮（乾潮與滿潮的水位差最大）時，漩渦直徑最大可達20公尺，潮流的速度可達時速20公里。

鳴門海峽寬度僅有1.3公里，十分狹窄。進入紀伊水道的滿潮波浪大多會流入大阪灣，然後繞著淡路島前進，5～6小時後抵達鳴門海峽的瀨戶內海側（此時紀伊水道側正在退潮）。滿潮側（瀨戶內海側）與乾潮側（紀伊水道側）的海面水位差最大可達1.5公尺，使海水劇烈流動，形成日本最快的潮流。

被冰覆蓋的海洋

北冰洋又稱北極海（Arctic Sea），中央有終年不化的「永久冰」。到了秋季，沿岸的冰開始擴張，與外海的永久冰相連，使整個北冰洋為冰所覆蓋。照片中的漁船正在穿過布滿冰塊的北冰洋。北冰洋是鱈魚與鰈魚等的漁場。

在全球暖化的影響下，覆蓋北冰洋的海冰面積正在逐漸縮小。若這個趨勢持續下去，北冰洋廣闊的海冰到了夏季就有可能暫時消失。

漂浮在海上的巨大冰山

南冰洋上漂浮著巨大的藍色冰山。南極洲的積雪凝固成冰、流入海洋後，形成了這些冰山。冰山內部會吸收較多紅光，不易吸收藍光，故藍光會在冰山中持續前進，使其呈現藍色。

日本的南極觀測船「白瀨號」在2016年時，觀察到外海流入的溫暖海水融化南極冰川的證據。為瞭解這對地球環境的影響，未來將持續觀察下去。

熱水從大地的縫隙噴射出來

照片攝於加勒比海中部的開曼海溝深處，可以看到海底熱泉（黑煙囪：black smoker）。海底裂縫噴出了大量經地熱加熱的黑色熱水，就像從煙囪噴出的黑煙一樣。熱水呈現黑色是因為富含硫化物。

從海底熱泉噴出的熱水富含甲烷、氨等有機物分子。此外，熱水可作為能量來源。因此，海底熱泉極有可能是最初生命的誕生處。

1 海洋的面貌

Ocean features

四周鄰接陸地的五個大洋

海洋是指地球表面裝滿水的區域。海洋總面積約3.6億平方公里，約占地球表面積的70%，平均深度約3700公尺，總體積約為13.7億立方公里。如果地球表面一片平坦，那麼覆於其上的海水深度可達2700公尺。

海水中含有3.5%的鹽類，如氯化鈉等物質。不過鹽類濃度會因為地區不同而有所差異，介於3.1～3.8%之間。全球海水的鹽類總

大西洋
（約8600萬平方公里）

歐洲、非洲、南北美洲等大陸包圍的海洋。面積僅次於太平洋，約占所有海洋面積的4分之1。最深處約8605公尺，平均深度約3700公尺，比太平洋和印度洋略淺。

太平洋
（約1.6億平方公里）

歐亞大陸、澳洲、南北美洲等大陸包圍的地球最大海洋，約占地球表面的3分之1。與大西洋、印度洋合稱三大洋。平均深度為4300公尺，在日本以南約3000公里處有地球上最深的海溝（水深10863公尺）。

南冰洋
（約2000萬平方公里）

環繞南極，在南緯60度以南的海洋。最深處達7434公尺，平均深度約4000公尺，比印度洋與大西洋深。位於極地，故許多地方被冰層覆蓋。

量約為5京噸（1京噸＝10^{16}公噸）。

五個大洋與緣海

各個海洋被陸地分隔開來。地球上的大型海洋（大洋）主要分成五個，包括太平洋、大西洋等。五大洋又分成多個「海」。這些被島嶼等陸地包圍的海，稱作緣海或邊緣海（marginal sea）。東海、日本海皆為緣海。

地球五大洋

來看看由陸地分隔開來的五大洋。

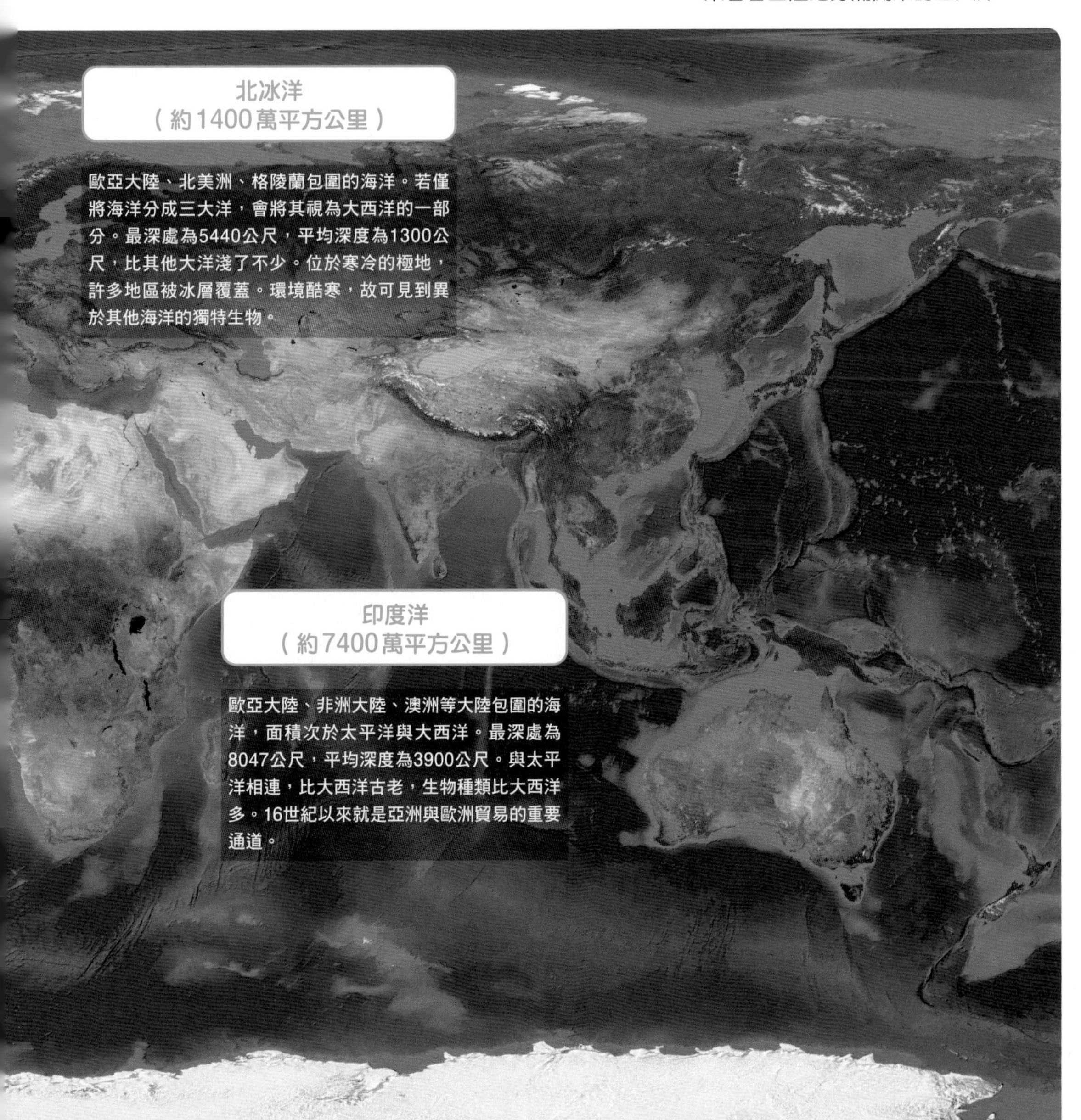

海水的量
出乎意料地少

海洋占了地球表面的71%左右。平均水深約3700公尺，幾乎與富士山的高度（約3776公尺）相同。若將所有海水聚集成一個球體放在地球旁邊兩相比較的話，會發現海水球體出乎意料地小。事實上，與地球體積相比，海水的體積非常小。廣大的海洋就像是地球表面的一層薄皮。

話雖如此，這層薄皮卻扮演著決定地球環境的重要角色。

地球總水量是多少？

試著比較地球的體積與地球的總水量吧。地球海水的體積約為13.7億立方公里，相當於地球水量的97.25%。若將這些海水聚集成球，會得到半徑略小於700公里的球體。相較於地球的大小（半徑約6400公里），地球的海水其實非常少。

海水以外的水又是如何呢？海水以外的水約有3900萬立方公里，聚集成球體的話則半徑約210公里。所謂海水以外的水，也包含了鹽湖的水、含鹽分的地下水等。這些水中有2900萬立方公里的水位於冰層（ice sheet），950萬立方公里為地下水，占比相當高。我們所使用的河水、淡水湖的湖水等，只是其中的一小部分。

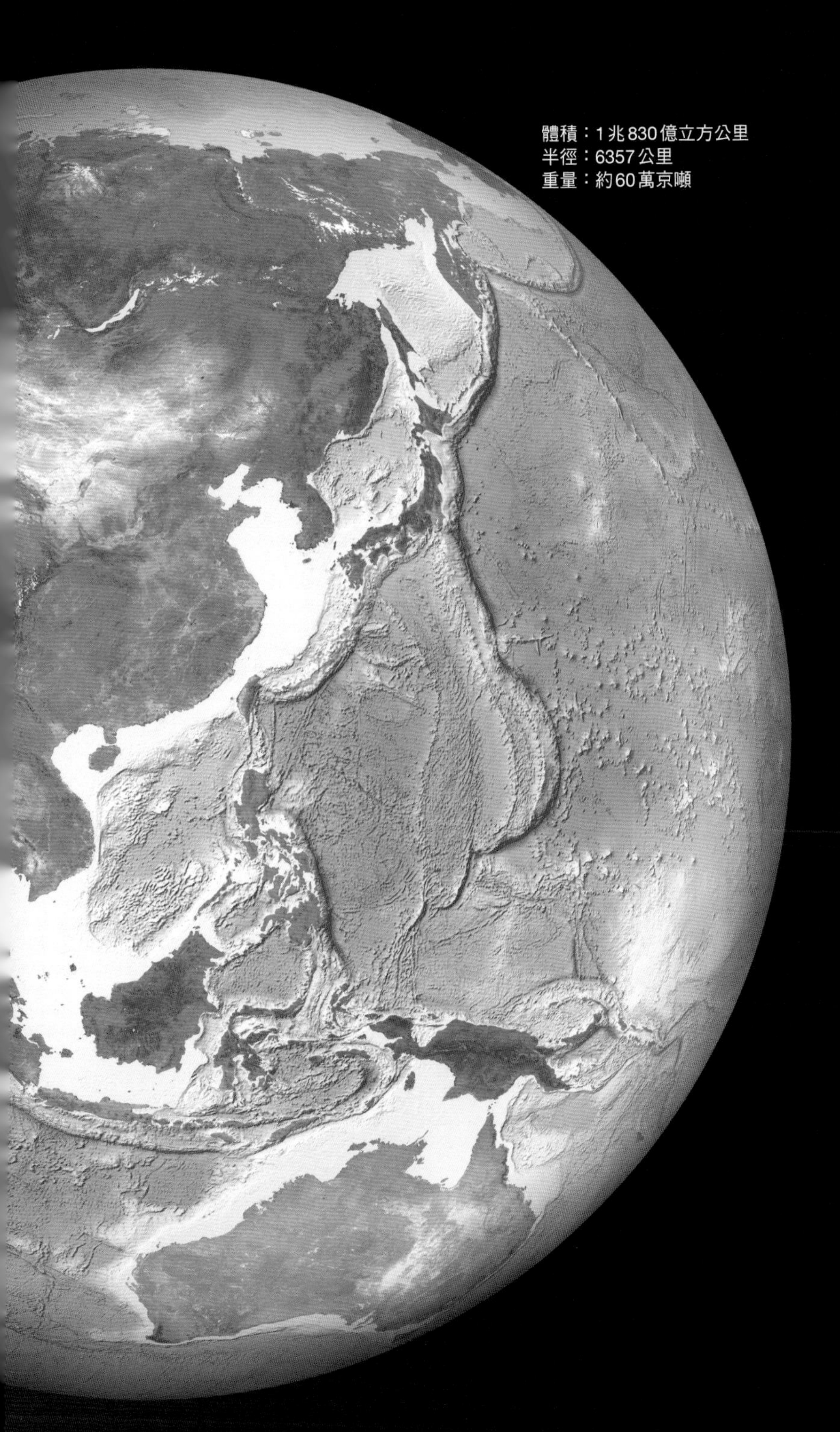

體積：1兆830億立方公里
半徑：6357公里
重量：約60萬京噸

海水聚成的球體

體積：13.7億立方公里
半徑：689公里
重量：141京噸

海水以外的水聚成的球體

體積：3900萬立方公里
半徑：210公里
重量：3.9京噸

地圖資料：Reto Stöckli, NASA Earth Observatory

海洋相較於地球究竟有多「薄」？

設想有一顆「水煮蛋」，而且是半徑3公分的球體。蛋殼厚度通常為0.3毫米左右，亦即蛋殼厚度約為蛋半徑的100分之1（1%）。

接著試以類似的概念來算算看地球與海洋的比例。地球半徑約為6400公里，海洋的平均水深約為3700公尺（3.7公里），不到地球半徑的1000分之1（僅約0.058%）。也就是說，就比例上而言，地球的海水層比水煮蛋的蛋殼還要薄。

那麼，如果和蛋殼底下的薄膜（殼膜）相比，又是如何呢？殼膜厚度為0.07毫米左右，約是蛋半徑的0.23%。所以從比例上來說，地球的海水層（約0.058%）比蛋的殼膜還要薄。

不過，這裡計算的是水深的平均值，實際上海洋中不同地方的深度會有很大的差異。地球海洋的最深處在日本南方「伊豆小笠原海溝」再往南一些的「馬里亞納海溝」（Mariana Trench），深度約為10911公尺，可以將地球最高峰聖母峰（海拔8850公尺）整個淹沒。不過對地球整體而言，這點起伏微乎其微，也不影響海洋的「薄度」。

海洋只是覆於地球表面的薄膜

拉出地球的一角，其內部結構與海水層如圖所示。地球中心為金屬地核，外側是以岩石為主的地函。地球表面被地殼覆蓋，地殼上方有海水層。

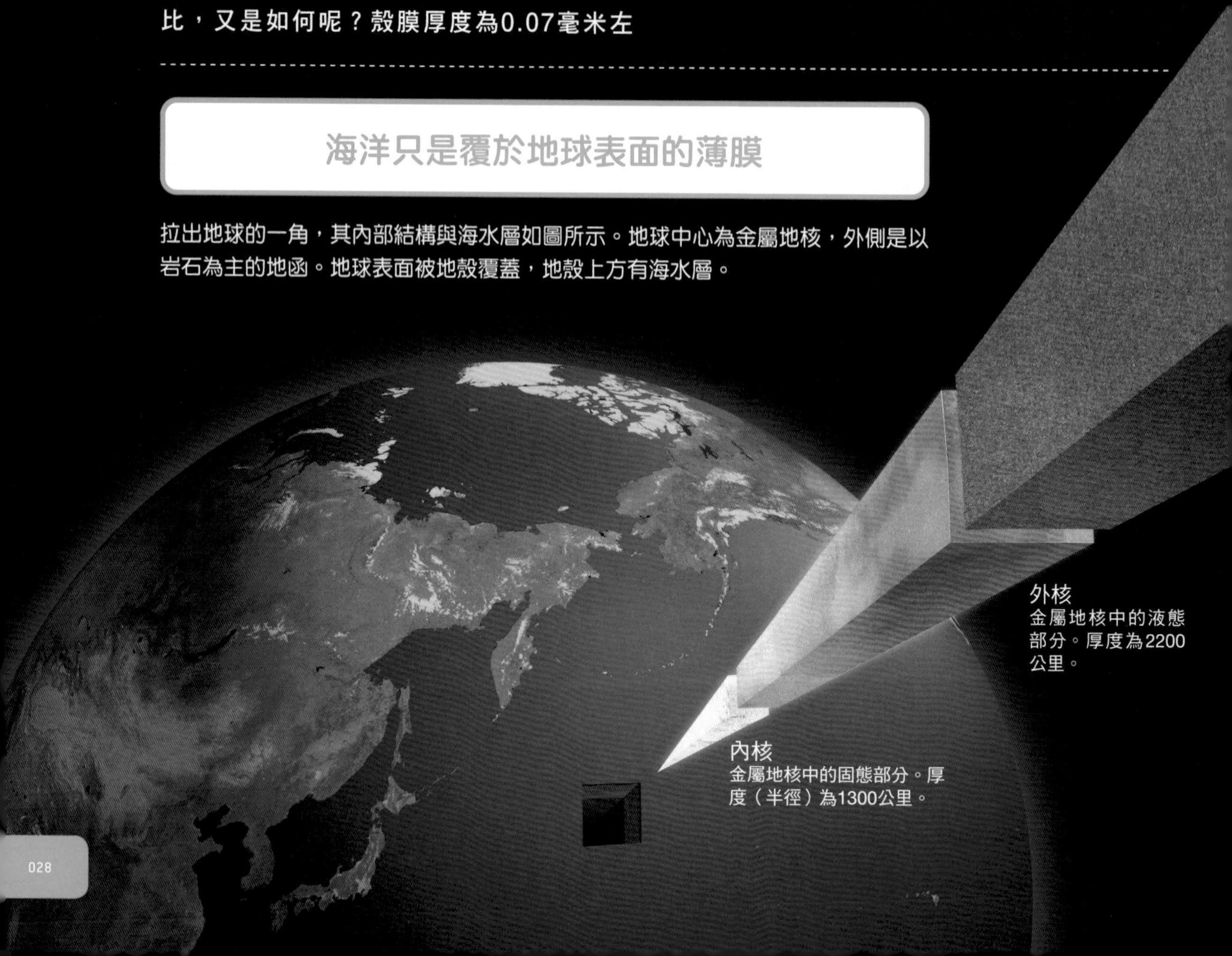

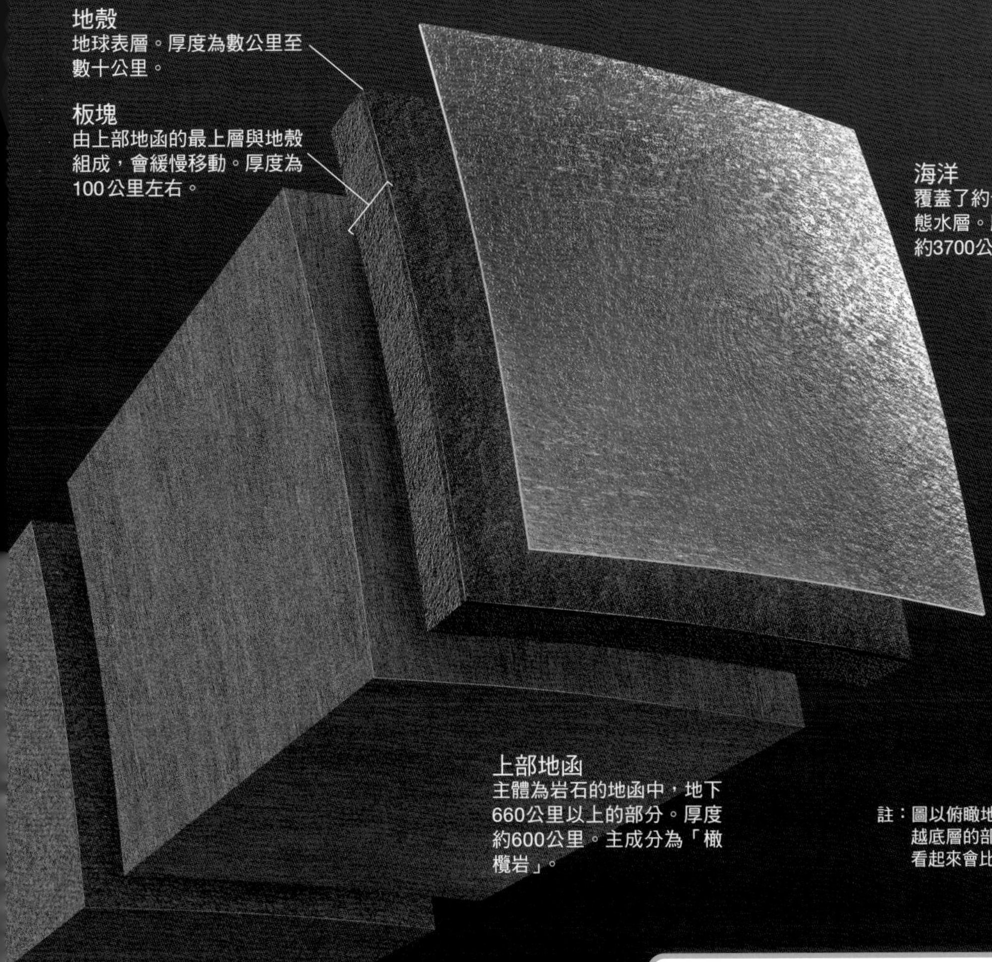
地殼
地球表層。厚度為數公里至數十公里。
板塊
由上部地函的最上層與地殼組成，會緩慢移動。厚度為100公里左右。
海洋
覆蓋了約七成地球表面的液態水層。厚度（平均水深）約3700公尺（3.7公里）。
上部地函
主體為岩石的地函中，地下660公里以上的部分。厚度約600公里。主成分為「橄欖岩」。
下部地函
主體為岩石的地函中，地下660公里以下的部分。厚度為2240公里。

註：圖以俯瞰地球截面的角度繪成，越底層的部分離我們越遠，所以看起來會比實際比例薄。

陸地地形與海底地形

若將地球最高峰聖母峰的海拔高度、海洋最深處馬里亞納海溝的水深兩相比較，則馬里亞納海溝獲勝。一般而言，水深大於200公尺的區域稱作深海，而且有七成左右的深海水深介於4000～6000公尺。水深大於6000公尺的區域占比不到整個海洋的2%。

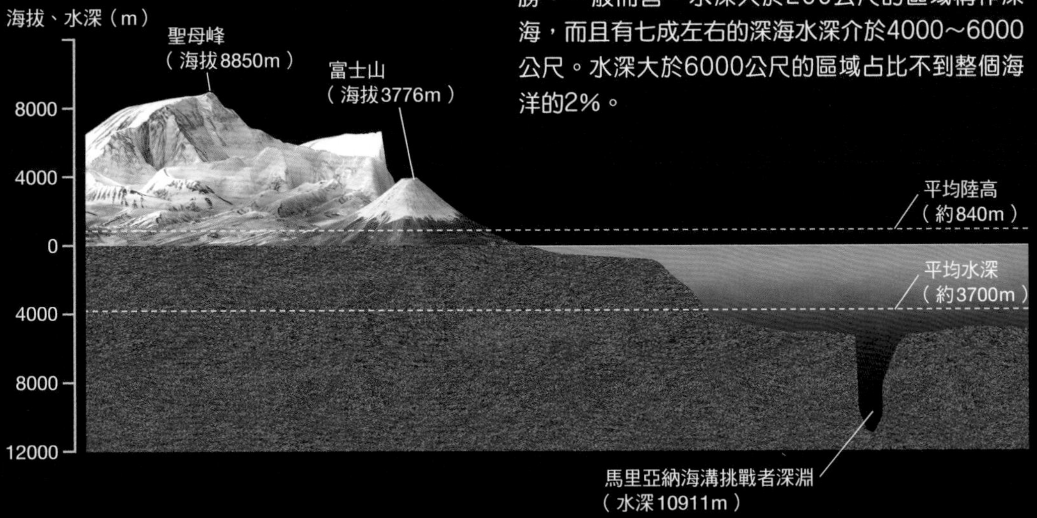
海拔、水深（m）
8000
4000
0
4000
8000
12000
聖母峰
（海拔8850m）
富士山
（海拔3776m）
平均陸高
（約840m）
平均水深
（約3700m）
馬里亞納海溝挑戰者深淵
（水深10911m）

幾乎所有元素都可以在海水中找到

海水帶有鹹味，是因為海水中含有鹽。若將海水中的水分蒸發掉，會留下固態的鹽。平均而言，1公斤的海水含有35公克的鹽。

海水的鹽中，有將近八成是氯化鈉。氯化鈉在海水中以氯離子、鈉離子的形式存在。

除了氯與鈉之外，存在於海水中的各元素根據濃度由多到少依序為：鎂、硫、鈣、鉀、溴、碳、氮、鍶等。除了上述元素之外，海水中還存在許多其他元素，只是濃度比較低。除了僅能以人工合成的不穩定元素，幾乎所有元素都可以在海水中找到。

海水中的元素

以週期表上的長條圖呈現1公斤海水中的各元素含量（質量）。氯與鈉的含量遠多於其他元素，超過了頁面頂端。長條的顏色用以表示含量，越接近紅色則元素含量越多，越接近藍色則元素含量越少。灰色元素則是無法檢出的元素，代表海水中幾乎不存在。

海水鹹味的由來

海中之所以含有大量氯與鈉，原因可追溯至海洋剛形成的時期。一般認為，當時地球大氣含有大量的氯化氫氣體，這些氣體溶於海水使當時的海洋呈現強酸性，而地表岩石中的鈉等物質與酸反應之後溶解至海水中。於是酸性海水逐漸中和，最後氯與鈉皆溶於海水中，形成鹹味的海水。

1公斤海水中的各元素含量（ng/kg）

左表為含量最多的20種元素與較知名元素在1公斤海水中的含量。這裡的含量以質量表示，單位為奈克（ng。1奈克＝10億分之1公克）。這些資料參考自《海洋地球化學》（蒲生俊敬編著）。

1公斤海水中的各元素含量（ng/kg）

元素	含量
氯（Cl）	19,350,000,000
鈉（Na）	10,780,000,000
鎂（Mg）	1,280,000,000
硫（S）	898,000,000
鈣（Ca）	412,000,000
鉀（K）	399,000,000
溴（Br）	67,000,000
碳（C）	27,000,000
氮（N）	8,720,000
鍶（Sr）	7,800,000
硼（B）	4,500,000
氧（O）	2,800,000
矽（Si）	2,800,000
氟（F）	1,300,000
氬（Ar）	620,000
鋰（Li）	180,000
銣（Rb）	120,000
磷（P）	62,000
碘（I）	58,000
鋇（Ba）	15,000
（以上為含量最多的20種）	
鈾（U）	3,200
鎳（Ni）	480
鋅（Zn）	350
銅（Cu）	150
鐵（Fe）	30
鋁（Al）	30
錳（Mn）	20
鎢（W）	10
鈦（Ti）	6.5
釹（Nd）	3.3
鉛（Pb）	2.7
銀（Ag）	2.0
鈷（Co）	1.2
汞（Hg）	0.14
鉑（Pt）	0.05
金（Au）	0.02

原圖的氯與鈉的含量高到超出頁面頂端。此為縮小後的圖。

COLUMN

磯味是由海中生物所產生

海有著獨特的氣味，日本稱之為「磯味」（岩岸的氣味）。這種氣味的成分主要由海中微生物產生。

海水中含有硫酸鹽溶於水中所生成的硫酸根離子。海藻及浮游植物會吸收海水中的硫酸根離子，製造二甲基巰基丙酸（dimethylsulfonio-propionate，DMSP）。DMSP可以避免體內水分被海水吸收，亦即具有防止身體脫水的功能。而DMSP被海中微生物分解時，會產生二甲硫醚（dimethyl sulfide，DMS）這種會散發出海苔氣

氣味強烈的日本周遭海洋

日本近海有許多洋流交會，形成了豐富多樣的環境，河水也帶來了豐富的養分，使海邊形成生物的寶庫。豐富的生物形成了大量氣味物質，產生強烈的磯味。

味的物質。

此外，當魚類死後被微生物等分解、腐爛時，會產生三甲胺（trimethylamine，TMA）這種腐敗氣味分子。二甲硫醚與三甲胺這兩種物質混合在一起時，就是我們聞到的大海氣味。

海的氣味是由海洋生物生成，所以在海洋生物豐富的日本近海，海水會散發出強烈的氣味。另一方面，生物較少的海洋氣味物質較少，比較沒有海的氣味。

幾乎沒有氣味的夏威夷海洋

夏威夷幾乎沒有河流會將養分沖至海岸，生物量比日本近海來得少。也因此幾乎不會產生氣味物質，也就沒有磯味了。

海水會吸收大量熱能，遏止環境劇烈變動

海（水）具有許多特殊性質，會大幅影響地球環境。「熱容量」（heat capacity）很大就是其中之一。

熱容量是指某個物體上升1℃所需的熱能。凡是由相同物質構成的物體，質量越大則熱容量越大。熱容量或大或小也會受到該物質的「比熱」（specific heat）影響。所謂的比熱，就是特定質量的某個物質上升1℃所需的熱能。也就是說，當比熱大、難以加熱的物質大量聚集在一起，就會形成熱容量很大的物體（難以提升整體的溫度）。

試著比較一下海洋的熱容量與大氣的熱容量吧。

首先，海洋的比熱約為大氣比熱的4倍。而海水質量總和約為大氣質量的250倍，因此海水整體熱容量是大氣整體熱容量的1000倍左右。

因為海洋可以保持溫度穩定，所以地球整體氣候溫和，常保適合生物生存的環境。

不過工業革命以來，排至大氣中的「溫室氣體」（greenhouse gas，主要是二氧化碳）造成了「全球暖化」（global warming）問題。暖化使地球整體熱能增加，科學家推估其中有九成累積在海中。由此可以看出，海洋確實可以防止地球環境的劇烈變動。

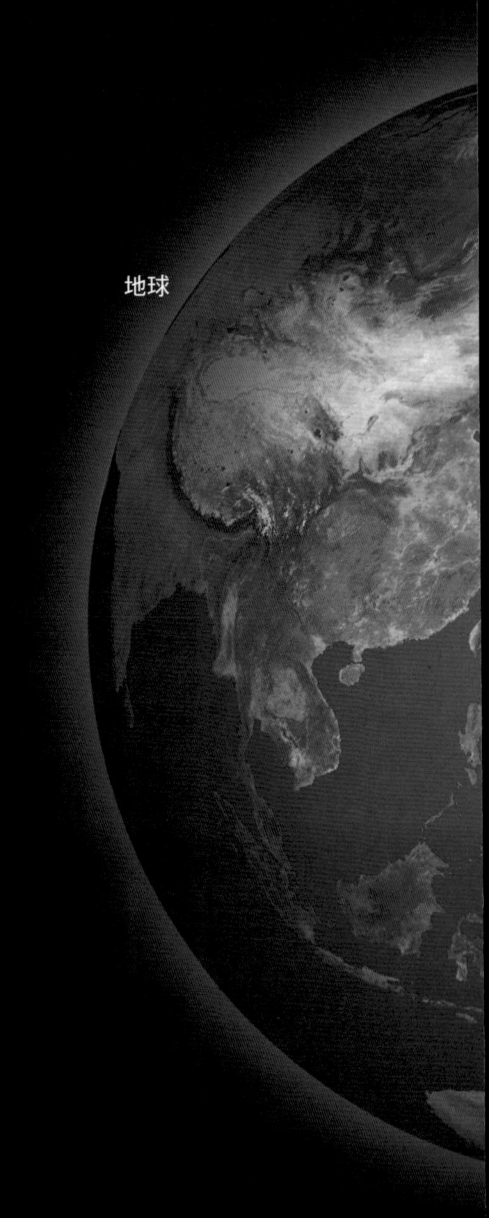
地球

即使吸收了大量熱能
海洋溫度僅有微小改變

下圖透過球體大小來分別表示地球整體大氣、地球整體海洋上升1℃所需的熱量。若要讓整體海洋上升1℃，所需熱量是讓整體大氣上升1℃的1000倍。

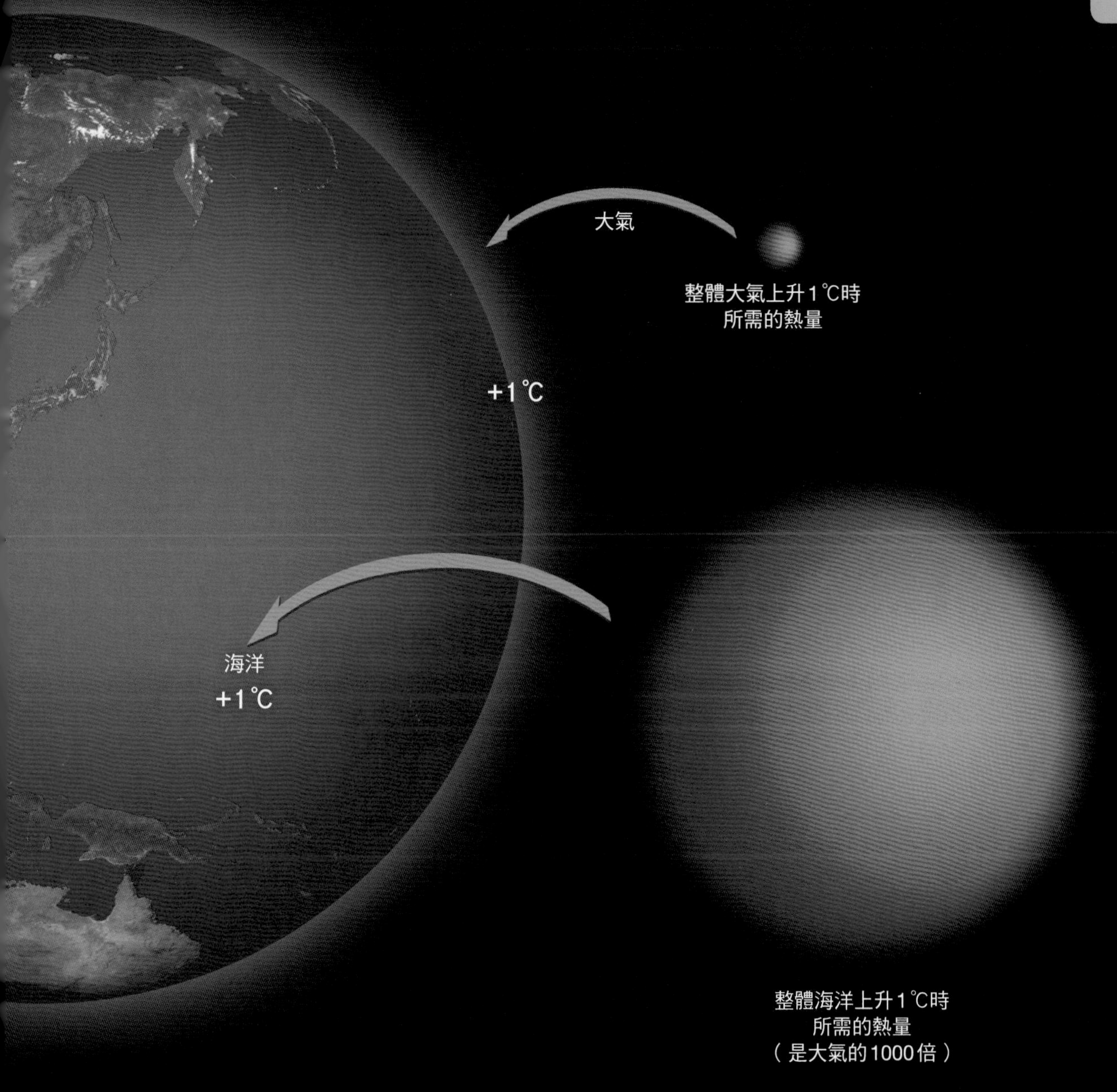

大氣

整體大氣上升1℃時
所需的熱量

+1℃

海洋

+1℃

整體海洋上升1℃時
所需的熱量
（是大氣的1000倍）

繞行各個大洋周而復始的洋流

「洋流」（ocean current）是指一直朝相同方向流動的海水。滿潮與乾潮之間產生的「潮汐」（tide）與「潮流」（tidal current）也是一種海水運動，不過潮流會隨著時間經過改變方向，所以不屬於洋流。

地球的海洋中有各式各樣規模不等的洋

流。有些洋流在海洋深處流動，不過這裡先把重點放在海洋表層附近的洋流。

觀察地球的主要洋流分布，可以看出北半球的洋流主要為順時鐘方向流動，南半球洋流主要為逆時針方向流動。河流會從上游往下游一次性地流動，但洋流繞了一圈之後會回到原點，屬於大規模的水循環系統。再者，會加熱大氣的洋流稱作「暖流」（warm current），從大氣中吸取熱能的洋流稱作「寒流」（cold current）。洋流會運送熱能與各種物質，對地球環境的影響深遠。

世界主要洋流

世界主要洋流如地圖所示。暖流以橙色表示，寒流以藍色表示。通過日本南岸的「黑潮」與通過美國東岸的「灣流」（墨西哥灣流）是世界知名、流量大且流速快的洋流。除了圖中列出的洋流之外，各地區還存在許多規模較小的洋流。

黑潮的流量是亞馬遜河的100倍以上

南美洲的亞馬遜河是全世界流量最大的河流，流量估計達到每秒20萬噸。

那麼洋流又是如何呢？日本南岸有著世界知名的大規模洋流「黑潮」（Kuroshio）。黑潮的流量會隨著測定地點及季節等條件而有很大的變化，流量大時可達每秒2000萬～5000萬噸，是全球最大河流亞馬遜河的100倍以上（是日本第一長河信濃川的4萬倍以上）。順帶一提，往日本海東北方向流動的「對馬洋流」（Tsushima Current）是規模較小的洋流，但流量也達到每秒200萬噸左右（亞馬遜河的10倍左右）。而全球流量最大的洋流，是繞著南極洲流動的「南極環流」（Antarctic Circumpolar Current），流量可達每秒1億噸以上。

洋流的流速又是如何呢？以黑潮為例，洋流中心部分（流軸）的流速會隨著地點及時間而有所差異，最快甚至會超過每秒2.5公尺。秒速2.5公尺（時速9公里）相當於慢跑的速度，連游泳選手的泳速都不可能比這個速度還快。

每個洋流的寬度與厚度（深度）各不相同。以黑潮為例，黑潮寬度為100公里左右、厚度可達1000公尺。但是離流軸越遠或者離海面越遠（越深）的地方，水的流動就越慢。

專欄 COLUMN

洋流流量的單位

洋流的流量規模遠大於一般常用的流量單位，故定義每秒10億公升（約每秒百萬噸）的流量為「史佛卓」（sverdrup，Sv），以作為洋流流量單位。名稱源自於挪威海洋學家史佛卓（Harald Sverdrup，1888～1957）。1 Sv相當於寬度10公里、深度100公尺的海水截面以秒速1公尺流動的流量。黑潮流量約為20～50 Sv。

洋流流量與黑潮的速度分布

以立方體的體積表示南極環流、黑潮、亞馬遜河的流量。亞馬遜河流量約為每秒20萬噸，黑潮為每秒2000萬～5000萬噸，南極環流則是每秒 1 億噸以上。

黑潮的流量

亞馬遜河的流量
每秒約20萬噸

參考：日本信濃川的流量
每秒約500噸

COLUMN

如蛇行般蜿蜒的黑潮路徑變動

多數洋流受到季節變動或周圍漩渦的影響等，路徑多少會改變。其中又以黑潮的路徑變動最大，又稱作蜿蜒路徑。若黑潮改走蜿蜒路徑，那麼在一年至數年內就會一直保持蜿蜒前進的狀態，並出現特殊性質。

黑潮路徑大致上可分成三條：第一條是沿著本州南岸直線前進的「非蜿蜒沿岸路徑」；第二條是在紀伊半島外海附近遠離陸地，繞至八丈島南

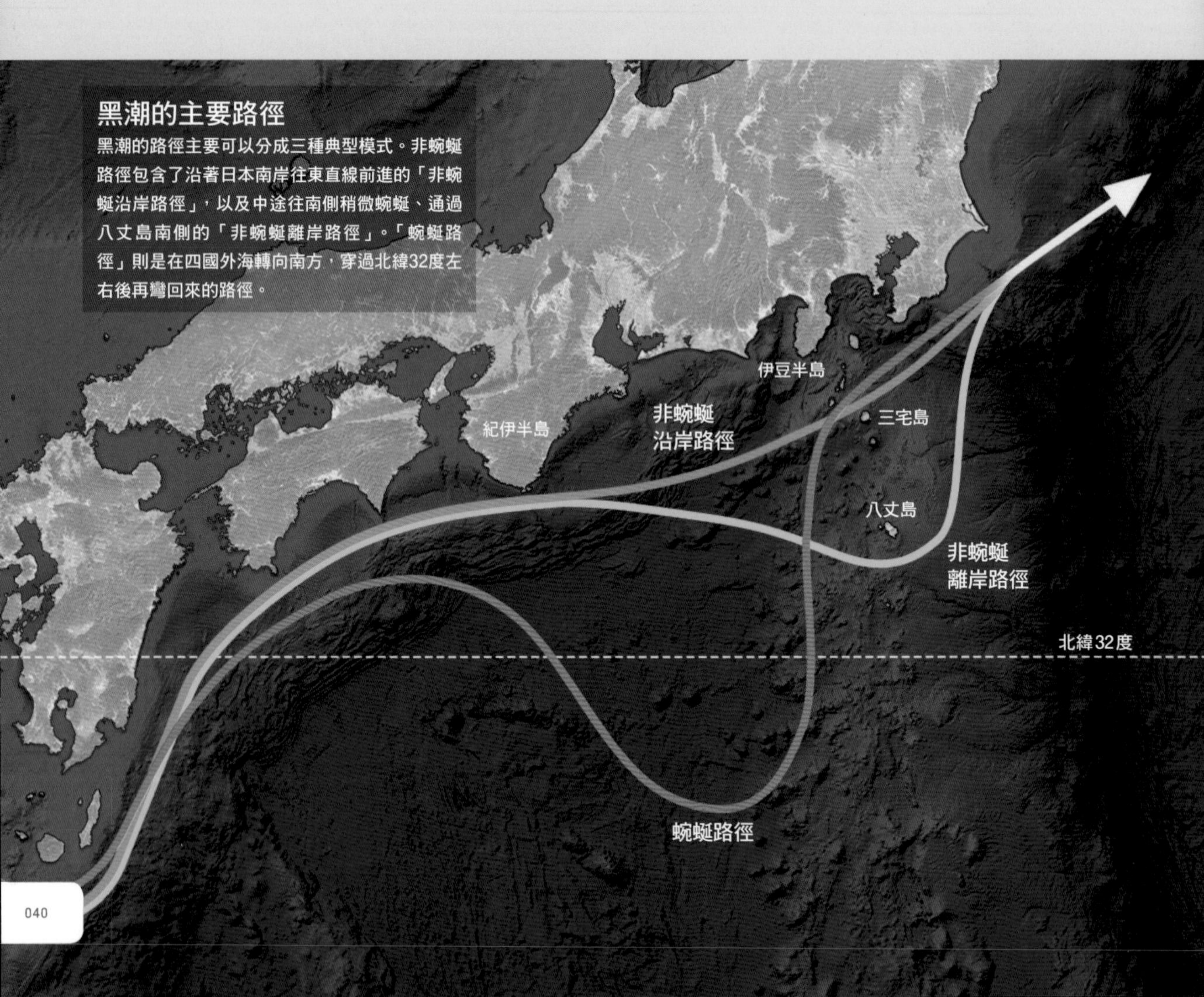

黑潮的主要路徑

黑潮的路徑主要可以分成三種典型模式。非蜿蜒路徑包含了沿著日本南岸往東直線前進的「非蜿蜒沿岸路徑」，以及中途往南側稍微蜿蜒、通過八丈島南側的「非蜿蜒離岸路徑」。「蜿蜒路徑」則是在四國外海轉向南方，穿過北緯32度左右後再彎回來的路徑。

側的「非蜿蜒離岸路徑」；第三條是在四國外海附近遠離陸地，到東海地區外海大幅（200公里以上）南下，至伊豆半島外海附近時再度靠近陸地的「蜿蜒路徑」。一般所說的「黑潮蜿蜒路徑」就是指第三條路徑。

黑潮走蜿蜒路徑的確切原因尚不得而知，不過海底地形可能會影響到洋流的路徑。黑潮通過本州南岸往東前進時，會在伊豆半島外海撞上巨大的牆壁——名為「伊豆洋脊」的海底地形，這是包含八丈島在內的伊豆群島所形成的海底山脈。於是，厚達500公尺以上的黑潮會盡可能沿著海水較深的地方前進。就伊豆洋脊而言，三宅島附近與八丈島南側有個較深的「牆壁裂縫」。已知黑潮在走非蜿蜒沿岸路徑與蜿蜒路徑時，會傾向通過三宅島附近；走非蜿蜒離岸路徑時，會傾向通過八丈島南側。

2017年8月時，黑潮時隔12年再度改道蜿蜒路徑，並持續至今（2023年8月）。

為何稱為「黑潮」？

黑潮這個名字源自其外觀。相較於含有大量河流帶來的泥土、動植物分解物等各種物質的沿岸海水，黑潮帶來的熱帶地區海水相當澄澈。這種清澈透明的海水較不會吸收可見光中波長較短的「藍光」，故呈現藍黑色。也就是因為透明度高而呈現藍黑色，故命名為黑潮。

有黑潮流經的日本高知縣黑潮町的入野海岸。

海面並非水平而是有高低差

如果海水完全不流動，靜止於地球表面，那麼海水面將呈「水平」，但實際上的海水面有高低差。太平洋最高處與最低處的高低差高達1公尺以上。

已知太平洋的頂端位於日本以南，且隨著往東逐漸下降，形成一個「高丘」。這個高丘的西側則是陡坡，「黑潮」會沿著該陡坡前進，朝順時鐘方向環繞流動。另外，在太平洋北部有個「低陷」。低陷的西側有個往南流動的洋流，也就是與黑潮齊名的「親潮」（Oyashio）。

這與海上的風有很大的關係，包括「信風」（trade wind，又稱貿易風）、「西風帶」（westerlies，又稱盛行西風）等一直朝相同方向吹送的風。不過，洋流方向並非單純由這些風的吹送方向決定。決定洋流方向的主要原因在於「科氏力」，下一節將詳細說明。

海水面的高低差

圖為流經日本太平洋沿岸的黑潮與親潮等主要洋流，高緯度的洋流以淺藍色表示，低緯度至中緯度的洋流則以橙色表示。另外，又以不同深淺的藍色呈現海洋在地球重力垂直面（geoid：大地水準面）上的高度差，藍色越淺（偏白）則海洋的水面越高。

根據海面的傾斜程度與洋流，可以看出洋流會繞著海面的「高丘」與「低陷」周圍流動。

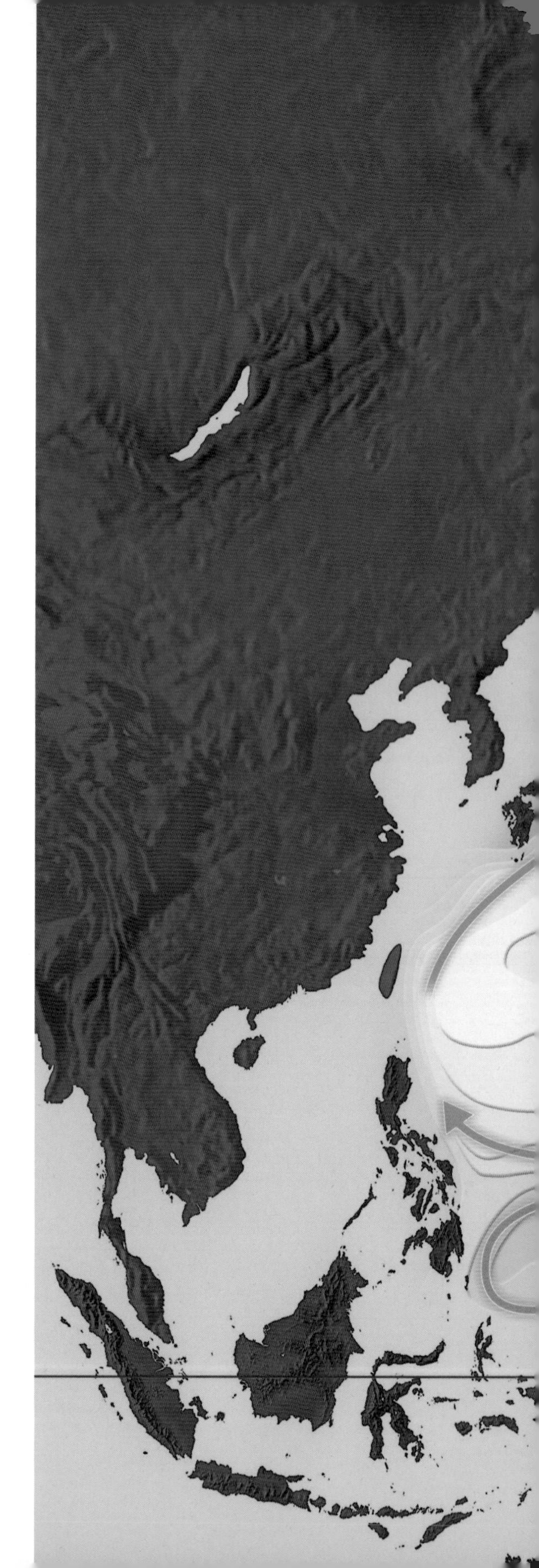

專欄 COLUMN 黑潮的蜿蜒路徑也會改變海面高度

前頁介紹了黑潮的蜿蜒路徑。黑潮的路徑改變會帶來許多影響，譬如令黑潮的南側海面比北側高出1公尺。因此當黑潮路徑靠近時，沿岸可能會因為海面上升而在滿潮時發生水災。另外，沿著黑潮移動的鰹魚等洄游魚類漁場可能會大幅改變，對漁業造成影響。

大洋上吹拂的風產生洋流

受地球自轉的影響，北半球的物體前進時，會比原本的方向往右偏一些（但在日常生活的尺度下幾乎不會有影響）。造成這種現象的力量，稱作「科氏力」（Coriolis force）。

由風吹送的海水亦同，海水的流向會偏右。方向往右偏的海水會帶動正下方海水的移動，而下方海水的移動方向又會比上方海水更往右偏。於是越深的海水越往右偏，整體海水的移動方向會與風向呈90度往右，這個現象稱作「艾克曼輸送」（Ekman transport），名稱源自於發現的科學家。

接著試想赤道北側往西吹拂的信風，以及中緯度往東吹拂的西風帶正下方的海水。這些海水在艾克曼輸送現象下，分別往北、往南移動。結果，在深層匯集的海水上升至海面。

這些從中間上升至海面的海水會往周圍擴散出去，流向水位較低的地方，並在科氏力的作用下往右偏離，最後形成順時鐘的海水環流。

不過，其強度比不上黑潮這種強烈洋流。緯度越高的地方科氏力越強，所以海水環流的中心點會偏向西側。這會使大洋西側產生較窄的急流（譬如黑潮），其他地方則多為和緩的洋流。

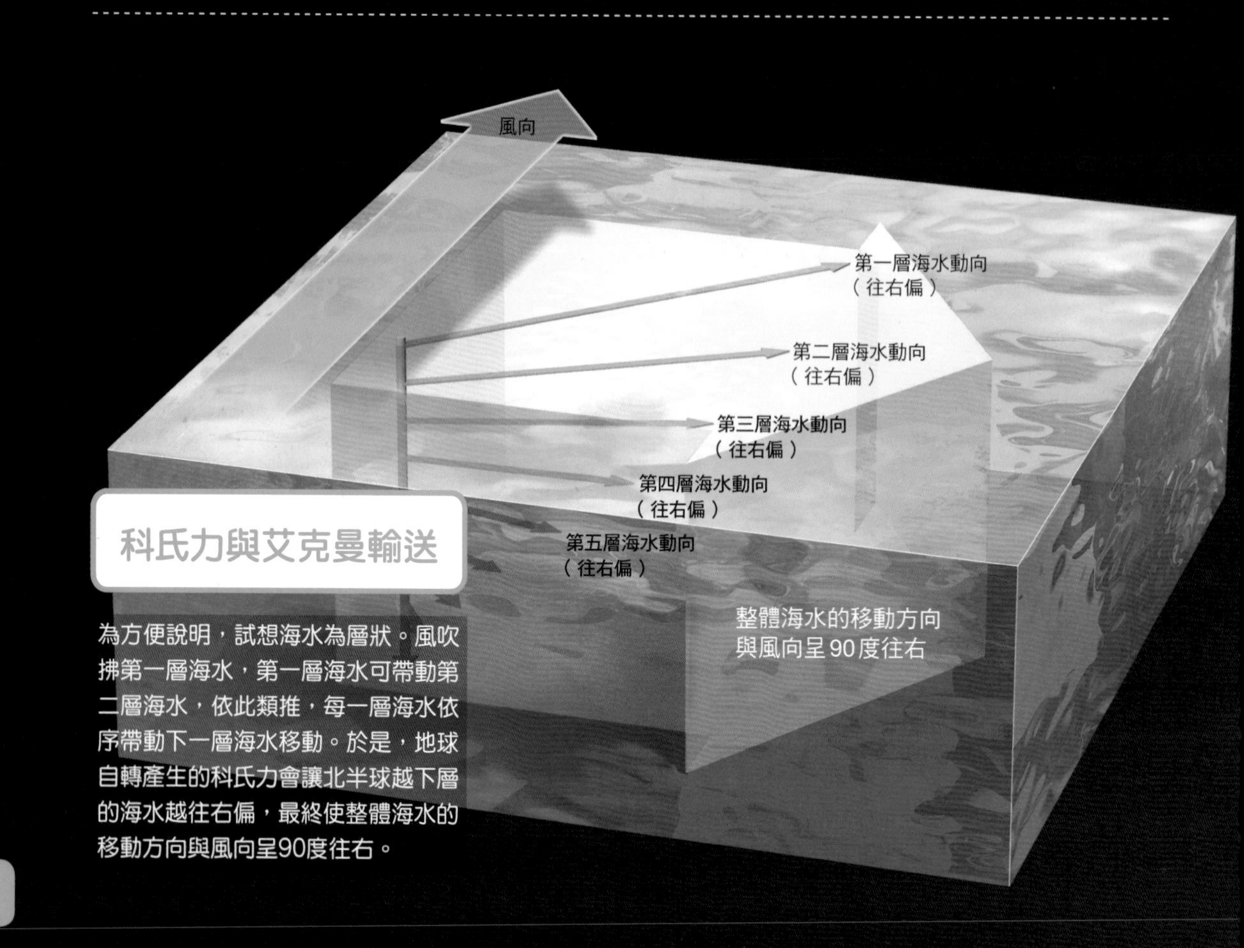

科氏力與艾克曼輸送

為方便說明，試想海水為層狀。風吹拂第一層海水，第一層海水可帶動第二層海水，依此類推，每一層海水依序帶動下一層海水移動。於是，地球自轉產生的科氏力會讓北半球越下層的海水越往右偏，最終使整體海水的移動方向與風向呈90度往右。

北半球的洋流形成機制

此處以北半球大洋的「副熱帶環流」為例說明。南半球的副熱帶環流基本上也是相同機制。不過南半球的科氏力與北半球方向相反，故環流的方向也相反。

西風
艾克曼輸送
北半球
上升至海面
艾克曼輸送
信風
赤道
南半球

1. 艾克曼輸送匯集海水

信風與西風等由於地球自轉而朝固定方向吹拂的風，會帶動下方海水的移動。在科氏力的影響下形成艾克曼輸送，海水的移動方向大致與風向呈90度往右。兩種風之間的海水匯聚後，便會上升至海面。

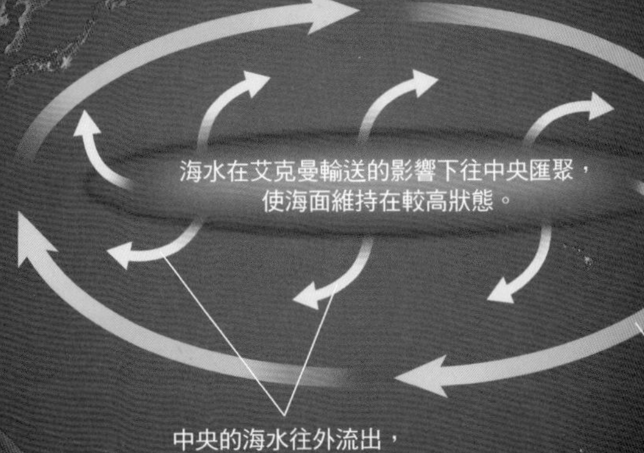

2. 往周圍流出的海水形成環流

艾克曼輸送使海水匯聚，從中央上升至海面，再往周圍流出。此時在科氏力的作用下，往周圍流出的海水其流向會往右偏，形成順時鐘環流。這就是洋流的原型。相對地，南半球則會形成逆時鐘環流。

再者，緯度越高則科氏力的影響越強，故海水環流的中心會偏向大洋西側，使大洋西側的洋流變為急流。黑潮與灣流（墨西哥灣流）就是因此形成急流。

COLUMN

作用於地球上運動物體的力

設想我們站在轉動的圓盤中心，朝著圓盤上某個目標點將球直線滑過去。假設圓盤十分平滑，球會在圓盤上滑動而非滾動，故不會受到圓盤旋轉的影響。

這顆球會直線前進，不過在球前進的過程中，圓盤上的人與目標點皆會跟著圓盤旋轉。若從圓盤外觀察，就會看到球確實是直線前進；但是對圓盤上的人來說，球的前進方向偏離直線，看起來就像有某個力作用在球上一樣。

這種看似作用在旋轉體上移動物體的假想力，稱作「科氏力」。率先以數學方式說明科氏力的人是法國物理學家科里奧利（Gaspard-Gustave Coriolis，1792～1843），故以他的名字命名。若圓盤如圖所示以逆時鐘旋轉，這種假想力就會讓物體（相對於前進方向）往右偏離；若圓盤為順時鐘旋轉，則會讓物體往左偏離。

這種力也會發生在自轉的地球上。地球的科氏力在極區最大，緯度越低則越小。這是因為在球

作用於圓盤上的科氏力

設想站在圓盤中心，將球往周圍滑過去。從圓盤外觀察會看到球呈直線滑動，但圓盤上的人卻會覺得球受到一個假想力作用，沿著曲線往右滑動。這個假想力就是「科氏力」。

站在圓盤上的人看到的球移動軌跡

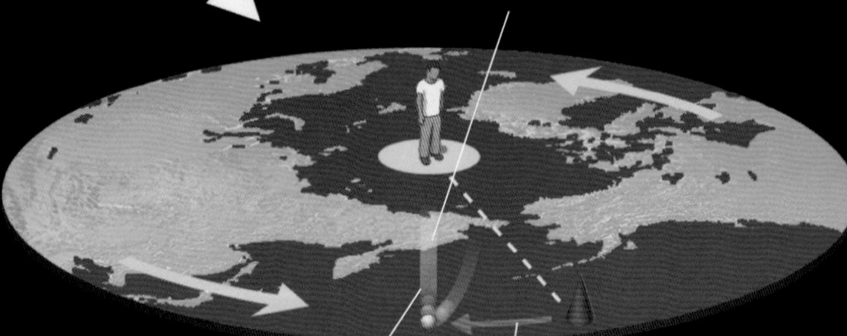

圓盤外看到的球移動軌跡

科氏力

狀的地球上，不同緯度的地面旋轉速度（相對於垂直地面的軸的角速度）各不相同。以北極為例，與地面垂直的軸（即地球自轉軸）周圍地面的角速度為一天一圈，從站在北極的人看來也是一天一圈。另一方面，對於站在赤道的人來說，與地面垂直的軸周圍的地面完全不會旋轉，所以從此人的視角看來，周圍也完全不會旋轉。

物體移動的時間或距離越長，科氏力的效果越大。在地面上滾球時，球的移動一瞬間就結束了，所以我們完全感覺不到科氏力的存在。但對於持續移動的海洋或大氣環流來說，科氏力的影響非常重要。

一般而言，水與空氣都會從壓力較高處流向壓力較低處。為弭平壓力差所產生的力，稱作「壓力梯度力」(pressure-gradient force)。除此之外，運動中的海水及大氣也會受到科氏力作用，最終壓力梯度力與科氏力達成平衡，使海水及大氣沿著等壓線流動（如下圖，在北半球高壓區域的海水及大氣會沿著等壓線往右移動）。該現象於海水稱作「地轉流」(geostrophic current)，於大氣稱作「地轉風」(geostrophic wind)，壓力差越大則越強烈。雖然有句話說「水往低處流」，但洋流會受到科氏力的影響，沿著壓力相同的地方持續流動。

壓力與科氏力的拉鋸形成了洋流

地轉流的機制

壓力梯度力可以讓隆起的海水恢復水平，使水從丘頂往周圍移動。不過在科氏力的作用下，海水的移動會往右偏移（位於北半球時）。最終，使海水恢復水平的力與科氏力達成平衡，從丘頂看來會覺得海水往正右方流動。

此外，雖然圖中為中央隆起、呈同心圓狀流動的海水，但地球的科氏力大小會受到緯度差影響，使西側海面高於東側，該現象稱為「西岸強化」(western intensification)。

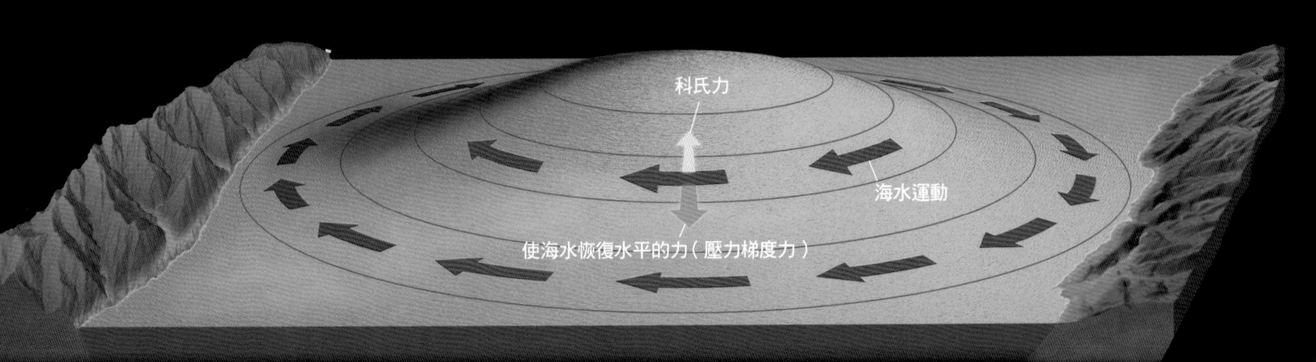

在海底擴展的壯闊地形

以可見光為代表的各種「電磁波」(electromagnetic wave)難以穿透海水，所以我們無法用電磁波來觀測海底。因此，是透過海上測量船向海底發射聲波，再觀測海底反射回來的聲波，藉此測量海底地形。水深越深則測量精度越差，譬如在水深4000公尺的海底，最多只能分辨出10公尺大的物體。而且，可以用聲波測量的海底區域，僅占地球整體海底地形的10%左右。

還有一種方法可以知道海底地形，那就是測量海面高度的微小差異，由此推估海底的高低變化。在水淺的地方，海底與海面之間的距離較短，所以重力會稍微強一些。這是因為海底的密度比海水大，會產生較強重力的關係。重力較強的地方能夠匯聚較多的海水，使海面稍微高一些。目前是透過人造衛星測量海面高度，精度可達毫米等級。但是在平均水深的地方，這種方法和精度只能獲取水平方向數公里的範圍，從而推定海底地形。

洋脊

凝固後形成新的海底
地殼
部分熔融
地函最上層
地函

板塊往兩側移動，於海底形成裂縫，使部分地函（固態）上升。由於壓力下降，部分地函融化成岩漿。這些岩漿冷卻後會形成「玄武岩」，形成新海底的地方稱作洋脊。

海溝

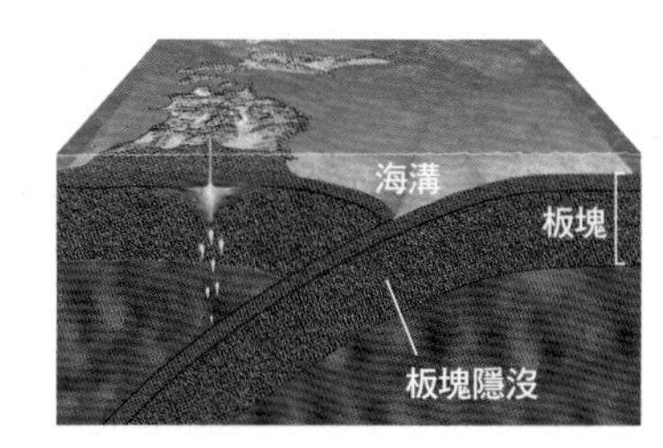

覆蓋地球表面的十多塊板塊分別朝不同方向緩慢移動。在板塊聚合的地方，較重板塊會隱沒至較輕板塊底下，形成深溝（海溝）。

熱點

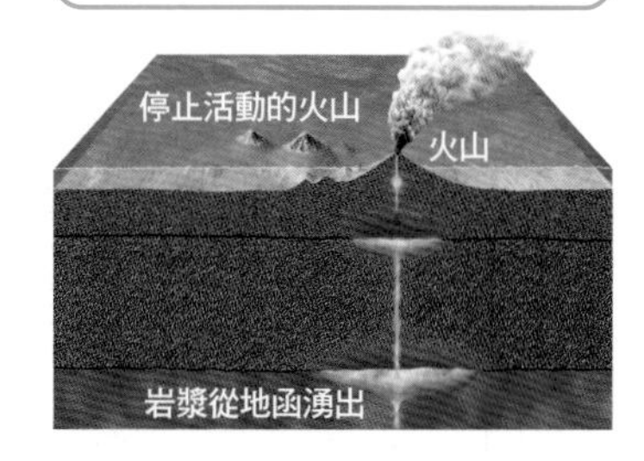

地函持續在相同地點噴出岩漿的地方叫作熱點。岩漿可穿過板塊，形成火山。板塊移動後，熱點就會在新的地方形成新的火山。長年累月便形成一列火山。

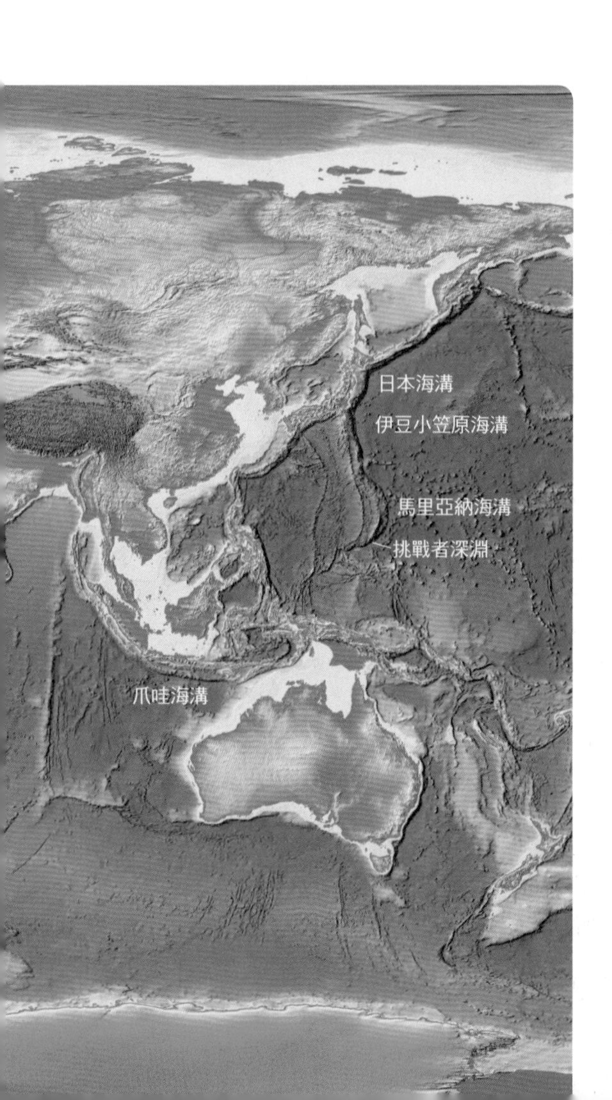

全球的海底地形圖

藍色越深的地方代表水深越深。太平洋東部與大西洋中央區域等處有連綿的海底山脈，稱作「洋脊」，是新海底誕生的地方。在太平洋沿岸的某些區域，可以看到許多深海海溝彼此相連。這些地方的「海溝」是因為「板塊」隱沒至其他板塊之下而形成。夏威夷群島等火山島及海底山呈點狀分布的地形，則是地函岩漿上升所形成的「熱點」。

海洋生物大部分聚集在表層附近

植物是陸地生態系的基礎。植物可以將氮、二氧化碳、磷等無機物作為材料，以陽光為能量行「光合作用」(photosynthesis)，製造有機物。植物屬於「初級生產者」(primary producer)，而仰賴植物生產的有機物生活的生物，則稱作「異營生物」(heterotroph)。

海洋生態系中，大小不到1毫米的「浮游植物」(phytoplankton)所扮演的角色相當於陸地上的植物，但是光無法自由進出海水。海水中穿透力最強的色光是藍光，但即使在透明度高的海域，光行進超過100公尺以後，其強度會減弱至原本的1%左右。浮游植物光合作用的量（有機物生產量）大於呼吸量（有機物消費量）的海水層（兩相抵消後，有機物產量有剩餘的海水層）稱作「透光層」(euphotic zone)，最深也只到水深150公尺處。

浮游植物集中在海水表層附近（透光層），捕食浮游植物的浮游動物也必然會待在表層附近。同樣地，捕食浮游動物的小魚、捕食小魚的大魚，也會以海洋表層為主要活動區域。也就是說，海洋中的大多數生物都會留在沿岸的淺水區域（包含海底）或集中在遠洋的海水表層。

凡是海水表層附近，生命活動就一定比較旺盛嗎？倒也並非如此。靠近赤道的低緯度地區，浮游植物量比較少。這是因為低緯度地區的表層海水溫度較高（較輕），使中層以下的海水無法將養分帶上來，導致浮游植物無法獲得成長必要的物質。而在有河流提供養分的沿岸區域，或是海洋深處養分較容易翻上表層的中、高緯度地區，浮游植物的量會比較多。

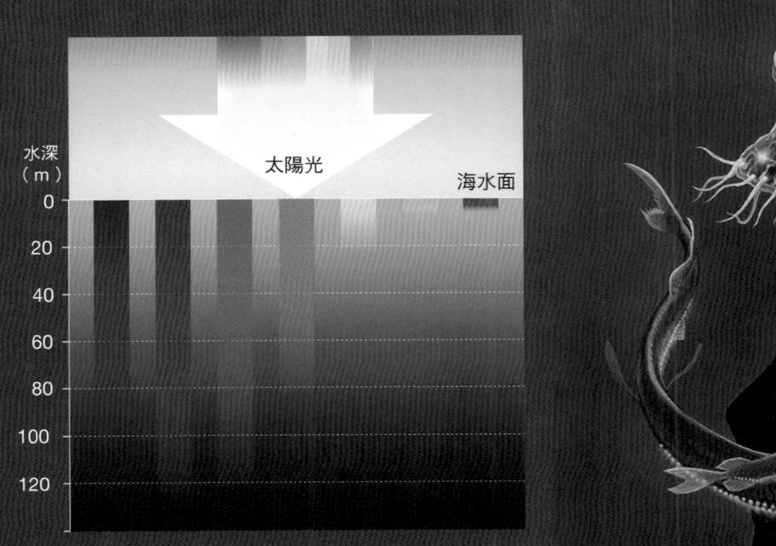

太陽光可及的範圍

太陽光包含各種波長的光。光在海水中前進時，會越來越微弱。不同波長（顏色）的光在海水中的前進距離也不同：紅光、橙光不到10公尺，藍光、靛光卻可以前進一百多公尺（但強度僅剩表層的1%左右）。再者，光能抵達的距離也和海水的透明度有關。此外，有極少量的光可以抵達水深1000公尺左右的地方。即使如此，深海當中亦有不仰賴光合作用的生物，這些留待第三章再介紹。

在海中生活的生物

插圖上半部為主要在海洋表層可看到的生物，下半部為主要在深海可看到的生物。雖然此處繪有不少深海生物，但實際上海中生物多集中在海洋表層。不過，深海也有某些生物不仰賴光合作用維生，待第三章再介紹。

在地球上 四處奔馳的波浪

拍打海岸的波浪有很多種，成因各不相同。主要可以分成三種類型：由風引起的「風浪」（wind wave，又稱風成浪）、由海底地震引起的「海嘯」（tsunami）、由引潮力引起的「潮浪」（tidal wave）。本單元將介紹風浪的一生。

風浪與長浪

平常在海邊看到的波浪主要是

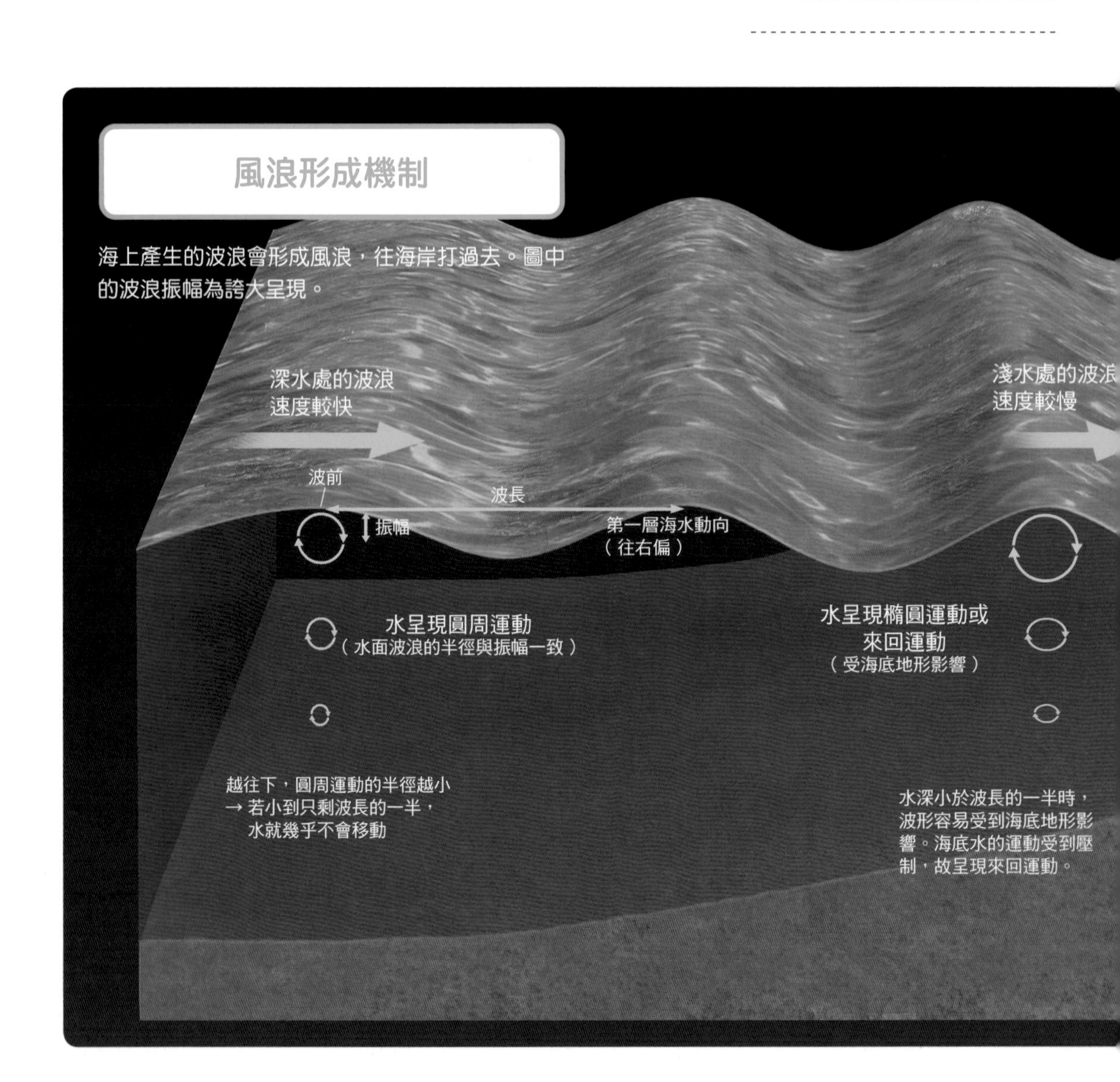

風浪。風浪的一生如下。首先，外海海面出現強弱不規則的風，在風的吹拂下，產生小小的波浪。當風持續吹拂，水面起伏就會越來越大，產生有浪頭的「風浪」。風浪持續吸收風的能量，形成擁有許多波長的波浪。

離開風吹拂的地方後，波浪轉變成波長較長、波形圓緩的「長浪」（swell，又稱湧浪）。長浪的速度很快，幾乎不會衰減，故能夠傳得很遠。舉例來說，位於日本遙遠南方的颱風所產生的波浪會形成長浪，比颱風早一步抵達日本。這種浪在日本叫作「土用波」，自古以來就為人所知。

靠近海岸的「長浪」走到水淺處時浪高增加，使波浪變得破碎（碎浪）。

另外，波浪前進時，海水幾乎都在同一個地方打轉，並非與波浪一起前進。漂浮在波浪上的葉子等物不會被打到岸上，而是在同一個地方上下運動，也是相同的道理。

不過嚴格來說，海水還是會稍微往波浪前進的方向移動。於是海岸某處會產生一道水流，稱為「離岸流」（rip current），將波浪送來的海水推回外海。離岸流的速度相當快，在離岸流中逆向游泳是相當危險的事。如果覺得自己正被沖離海岸，可以平行於海岸泳動，試著遠離離岸流。

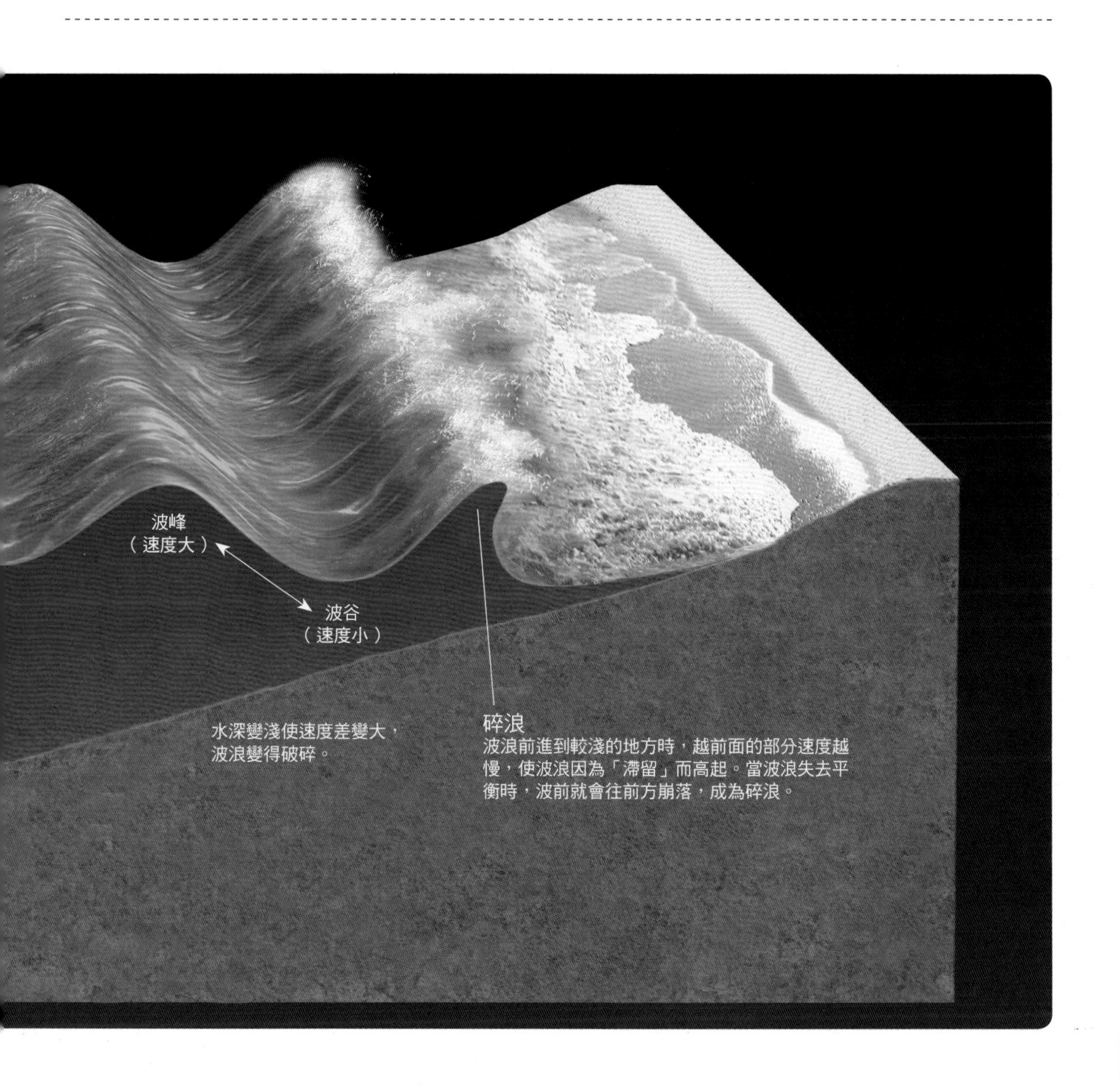

席捲全球的海嘯速度與噴射機相當

海嘯發生機制

地震產生的海嘯襲擊陸地堤防的示意圖。地震會讓海底隆起或沉降（1），此時海水也會跟著隆起或沉降（2）。隆起的海水會因為重力而崩落（3），而崩落的海水會形成海嘯襲向陸地，到水淺處時海嘯的高度將大幅增加（4）。但由於放眼所見的水面高度會一起抬升，所以人們很難注意到海嘯襲來。海嘯的波長非常長，當海嘯襲來時，海水會不斷地猛烈衝擊陸地長達1小時。

海嘯與風浪的差異

風浪與海嘯的最大差異在於「波長」。即使是由颱風等強風吹起的「巨浪」（rogue wave），其波長也通常低於600公尺，海嘯的波長卻可達數十至數百公里。海嘯期間，近海區域從海底到海面的海水會一起水平移動。

當地震震源位於海底下方，使海底產生大幅變動，就會產生海嘯。海嘯波長可達數十公里～數百公里。這個波長大小與前頁介紹的風浪（波長約600公尺以下）有決定性的差異。因為海嘯波長遠比水深大，所以與其說海嘯是波浪，不如說是襲擊陸地的洪水。海嘯會入侵街道，只要有通道就會逆流而上。而且當海嘯退去時，會把所有物體都帶回海裡。

海嘯的振幅在外海時還沒有那麼大，可一旦進入淺灘，浪高就會大幅提升，抵達海岸附近的海嘯可高達數公尺。2011年東日本大地震（311大地震）時，就產生了超過10公尺的海嘯。

像海嘯這種波長遠比水深大的波浪，速度無關乎波長，水深越深處海嘯的前進速度就越快。舉例來說，水深5公里處的海嘯時速可達784公里，與噴射機相當。1960年南美智利大地震所產生的海嘯只花了24小時，就跨過了約19000公里的海洋抵達日本，造成很大的災害。此時的海嘯時速可達700公里。如今正在研究如何利用人造衛星及海底電纜監視海嘯動態，盡可能降低災害規模。

COLUMN

月球引動潮水起落形成了潮汐

一般來說，海岸的海水位一天會有2次規律性變化的現象，稱作「潮汐」。潮汐現象會讓海中的大量海水一起移動。水位最高的時候稱作「滿潮」(high tide)，最低的時候稱作「乾潮」(low tide)。

產生潮汐的力稱作「引潮力」(tide-generating force)。月球與太陽等天體與地球的位置關係，會因為地球的自轉與公轉而改變，進而產生引潮力。太陽的質量約是月球的2700萬倍，與地球的距離卻是月球的400倍左右，所以太陽對地球產生的引潮力僅有月球的一半左右。當太陽、月球、地球呈一直線，也就是新月或滿月的時候，月球與太陽的引潮力方向相同，潮差最大，稱作「大潮」(spring tide)。

不過，地球繞太陽的公轉軌道為橢圓形，所以太陽與地球的距離並非嚴格保持一致，且地球自轉軸與公轉平面有一定傾斜，月球與地球之間的關係也一樣。

在上述各種條件的影響下，每天的滿潮水位各不相同，高低落差相當大。潮汐週期基本上是半

何謂引潮力

地球與月球會繞著兩者連線上的共同重心（從地球中心算起約4600公里處）轉動，稱作「地球與月球的公轉」。在公轉的作用下，地球各處會產生大小相同的離心力。另外，月球引力也會影響潮汐。靠近月球側的引力大於離心力，另一側的離心力則大於引力。

這個離心力與月球引力相加的「合力」就是引潮力。在地球自轉的作用下，同個地方通常一天會發生2次滿潮與乾潮。

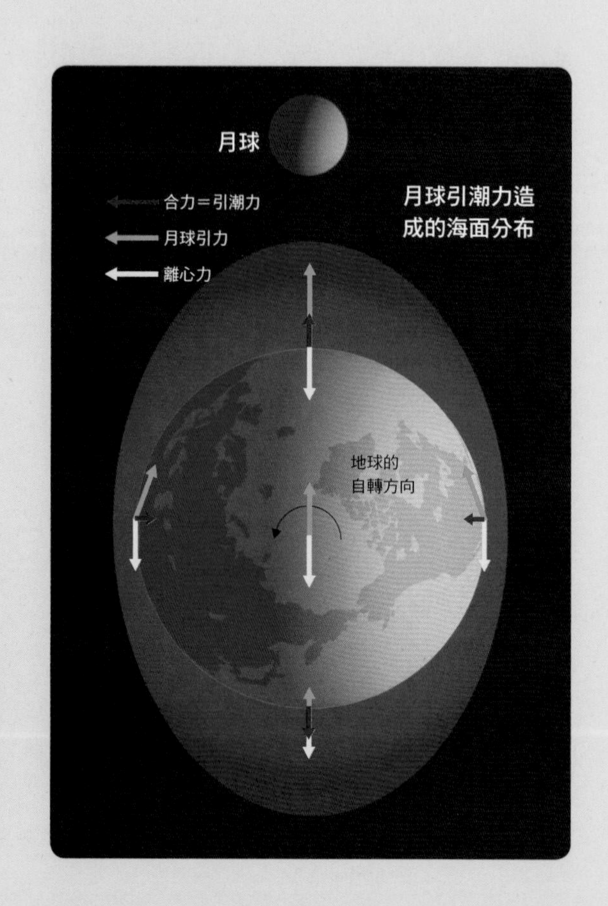

天，有些潮汐的週期可達1年。日本沖繩縣宮古島北方就有一個只有在一年一度的大潮才會露出海面的島嶼「八重干瀨」。

再者，實際的潮汐水位也會受到地形影響。世界上潮差最大的地方在加拿大的芬迪灣，潮差達15公尺。之所以會有那麼大的潮差，是因為引潮力所產生的波浪（潮浪）侵入灣內引起了「共振」現象，增幅了潮差所致。總之，潮汐會因為不同地區而有所差異。

目前已經對潮汐機制有一定瞭解，故可做出某種程度的潮汐預報，用於漁業或防災等。潮差較大的地方還可以將其轉變成能量來發電。

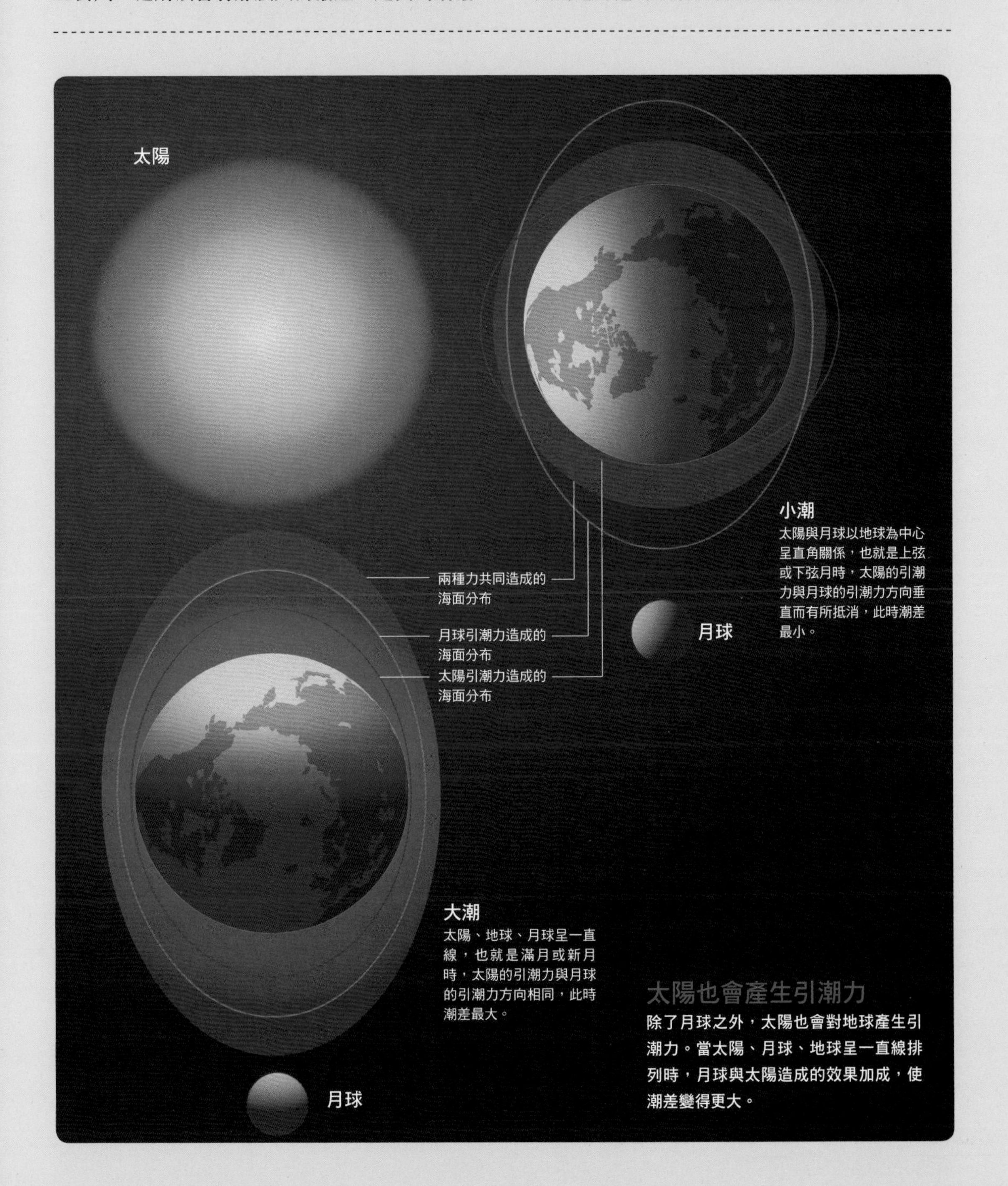

太陽也會產生引潮力

除了月球之外，太陽也會對地球產生引潮力。當太陽、月球、地球呈一直線排列時，月球與太陽造成的效果加成，使潮差變得更大。

遵循潮汐節律過活的生物

地球在月球與太陽引力的影響下，地球上的海水會持續移動。月球與太陽引力較大的地方會聚集更多海水，形成滿潮；引力較小的地方海水退去，形成乾潮。從滿潮到乾潮的時間約為6小時。

海岸附近的生物多會配合滿潮與乾潮的週期生活。這種因為滿潮與乾潮的週期所形成的生活規律，稱作潮汐節律（tidal rhythm）。一般認為，潮汐節律並非生物感知周圍環境而產生的節律，而是原本就存在於生物體內的節律。

舉例來說，棲息於泥灘的招潮蟹（*Uca arcuata*）、圓球股窗蟹（*Scopimera globosa*）等蟹類，會在退潮時走出巢穴覓食，在漲潮時回到巢穴並關閉入口。即使將招潮蟹、圓球股窗蟹等蟹類養在水槽內，使其身處於沒有潮汐變化的環境，與生俱來的潮汐節律也會令牠們配合漲退潮的時間活動。擁有潮汐節律的生物不光只有螃蟹，在淺海、泥灘等處生活的多數魚類、貝類、昆蟲等也都擁有這種特性。

像潮汐節律這種生物與生俱來的生活節律，稱作生物時鐘。

乾潮時的有明海

日本長崎縣、佐賀縣、福岡縣、熊本縣圍繞的有明海，面積約1700平方公里，滿潮與乾潮的水位差達6公尺，是日本數一數二的泥灘。

有明海的生物

有明海於乾潮時露出的泥灘約有188平方公里。許多擁有潮汐節律的生物如蟹類、鰕虎科的大彈塗魚（***Boleophthalmus pectinirostris***）等都棲息在此。

造成潮汐節律的原因

不同地區的漲退潮時間各不相同。各地生物如何配合當地情況調整潮汐節律？溫度變化、波浪刺激等條件又是否會影響潮汐節律？許多相關問題至今尚不明瞭。

「海洋母親」的水是在何時何地形成？

太陽於46億年前在銀河系的角落誕生。一般認為，剛誕生的太陽周圍有個由大量氫氣與固態塵埃構成的「原行星盤」（protoplanetary disc），地球就是在這個原行星盤中成長。地球應該是在成長過程中獲得了水（或是構成水的物質），這些水分後來形成豪雨降至地表，生成海洋。

問題在於這些水究竟從何而來。這裡將要介紹目前的主流假說，說明海洋誕生的最大謎團「海水的起源」。

作為地球材料的微行星含水

微行星是原行星盤的塵埃聚集生成的產物，

地球的原料中含有水

成長中的地球樣貌。若作為地球原料的微行星含有水分，那麼微行星撞擊原始行星時釋放出水，會形成含有水蒸氣的厚重大氣。水蒸氣會造成強烈的溫室效應，再加上微行星持續撞擊地表，使地表受熱融化成岩漿海。微行星的撞擊和緩之後，大氣溫度也隨之下降，於是水蒸氣凝結成雨降至地表。

是大小1～10公里左右的小天體。依照目前的標準太陽系形成理論，塵埃聚集成了微行星，微行星聚集成了「原行星」(protoplanet，直徑約1000～3000公里左右)，後來原行星彼此撞擊，生成了地球。其中可能有部分的微行星含有水分子（H_2O）或是水的原料氫氧根離子（OH^-），而且含量足以供應目前的地球海水量。

原行星成長到相當於月球大小時，就會因為微行星撞擊之際產生的能量釋出內部水分，以水蒸氣的形式進入大氣。於是，原始地球逐漸被富含水蒸氣的厚重大氣包裹住。

水蒸氣會造成強烈的溫室效應，再加上微行星的持續撞擊，使地表溫度逐漸上升，最後使地表融化，形成「岩漿海」(magma ocean)。

微行星墜落情況減緩後，大氣溫度也開始下降，大氣中的水蒸氣轉變成雨水降至地表，海洋便在此時誕生。

形成最初海洋的豪雨

目前並沒有明確證據說明海洋何時誕生，不過一般認為是在地球誕生不久時持續下著豪雨，累積在地表的水形成了海洋。此為當時豪雨的想像圖。

在地球上生成或是源自宇宙

第二個假說則認為海洋是由氫與氧經化學反應後生成的。

原始地球很可能含有充分的氫，而氧則以氧化物形式大量存在於岩石中，含量也十分充足。大氣中的氫與地表岩石中的氧在高溫環境下接觸，應能生成水（水蒸氣）。

問題在於，若地表由固態岩石構成，且合成水所需的氧元素皆來自地表岩石，那麼一旦最表層的岩石消耗完畢，內部的岩石就無法持續供給氧元素了（無法生成足夠的水）。但如果地表為熔融態的岩漿海，岩石就會透過對流混入岩漿，即可持續供應氧元素至地表。如果微行星墜落時產生的能量，在以氫氣為主成分之大氣的溫室效應下，使地表形成岩漿海，那麼大氣中的氫便能與地表的氧反應，形成大量的水（水蒸氣）。當微行星的墜落和緩下來，水蒸氣就會凝結成雨降至地面（形成海洋）。

氫與氧的化學反應

原始地球被氫氣構成的大氣包圍。圖中的藍色圓球代表氫。氫以氣體形式大量存在於原行星盤周圍，氧則存在於構成地球的岩石中。

實際的原始地球被厚重大氣包覆著，從太空應看不到地表。此處為了呈現地表的岩漿海狀態，把大氣畫得透明了一些。

不過在第一個假說中，微行星本身就含有水，在這種情況下地球的溫室效應較強，較能維持岩漿海狀態。第二個假說則以微行星不含水分為前提，故原始地球很可能無法維持岩漿海的存在。

「冰質天體」大量墜落

第三個假說則主張地球原型大致形成後，由冰塊構成的彗星等富含水分的小天體大量墜落至地球，形成海洋。

原行星盤內的塵埃包含主成分為岩石的塵埃、主成分為冰的塵埃等。在原行星盤中距離太陽較近的區域，冰的塵埃會蒸發成氣體；不過在與太陽有一定距離的地方，冰塵埃則會維持固態，成為微行星的材料。

就像這樣，在地球誕生後的數億年內，冰構成的天體陸續墜落至地表，形成了海水。

事實上，目前的地球仍能觀察到含水的隕石墜落，也可以觀察到含水的「彗星」。所以過去很可能有大量這類天體墜落至地球。此外，科學家分析月球的撞擊坑後發現，40億年前左右是小天體墜落最為頻繁的時期。

可以確定的是，地球上目前的海水確實有一部分是透過這種方式來到地球，問題在於比例的多寡。由海水中氫元素「同位素比例」的分析結果，可知絕大部分地球海水應該不是經由這條路徑來到地球。

彗星墜落於已存在的海洋上

彗星墜落於地球的模樣。圖中，地球上已有海洋存在。至今仍不曉得海水中有多少比例的水來自彗星等含水天體，但一般認為插圖所示的場景在太古地球確實出現過。

COLUMN

由海水的成分分析海洋的起源

氫是構成海水水分子的元素，分為輕氫與重氫。輕氫（氫-1，簡稱為氫）在原子中心的「原子核」（nucleus）中僅含1個帶正電的質子，自然界中大部分的氫原子都屬此類。另一方面，重氫則不只一種：原子核含有1個質子與1個中子（電中性的粒子）稱作「氘」（氫-2），原子核含有1個質子與2個中子的氫稱作「氚」（氫-3）。接著我們把焦點放在氘與氫的比例（以下稱之為「氘比例」）。

地球海水的氘比例為0.015%左右，比較這個數值與海水可能來源的氘比例，應有助於推論海水的起源。

譬如說，「碳質球粒隕石」（carbonaceous chondrite）這類隕石可能是殘留下來的行星材料（微行星），而且已知這類隕石的氘比例與地球的海水十分接近。這說明微行星內含的水很可能就是地球海水的來源。

那麼「地球海水材料來自原行星盤的氫氣」的說法又如何呢？現在的太陽系已幾乎看不到當時原行星盤的氣體，不過太陽的成分應與這些氣體的組成類似。太陽的氘比例小於地球海水的5分之1，有很大落差。

另一方面，彗星等太陽系邊緣地帶的天體，氘比例通常比地球海水大。不過近年也發現了某些彗星的氘比例與地球海水相仿。

僅參考以上事實，會讓人覺得微行星可能就

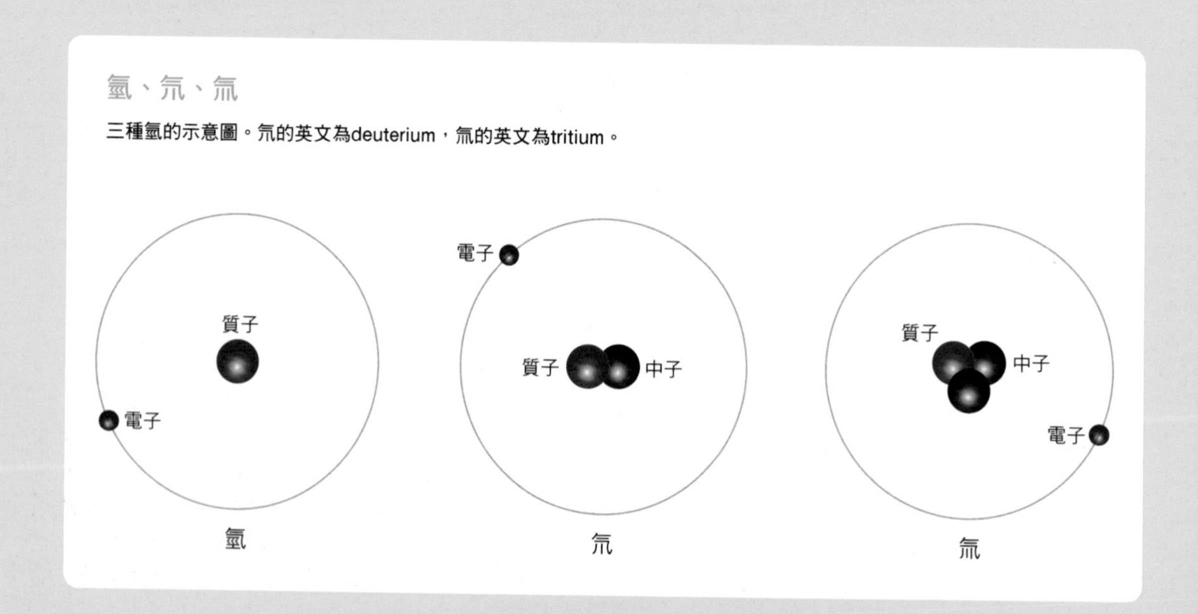

氫、氘、氚

三種氫的示意圖。氘的英文為deuterium，氚的英文為tritium。

是地球海水的起源，但事情並沒有那麼單純。舉例來說，假設原行星盤的氫氣為海水材料，而海水中的氫可與大氣中的氘交換，提升海水的氘比例。從海水進入大氣的氫經過很長一段時間後會散逸至太空中，含有氘的氫分子則比較容易留在地球上，最終會使海水的氘比例上升。考慮上述效應，即使原行星盤的氫氣為地球海水材料，海水的氘比例也可能會上升至目前的海水數值。

再者，地球的海水起源也並非只有一種。或許三種假說皆正確，海水是在這三條生成途徑的影響下生成。

地球與太陽系各天體的氘比例

地球海水與太陽系各天體的「氘與氫的比例」比較圖。圖中縱軸為對數尺度的氘比例數值，每刻度相差10倍。

大致上來說，球粒隕石這種隕石的氘比例與地球海水相仿，原行星系盤的氘比例則比地球海水小（由太陽的氘比例推算）。在木星以外的太陽系外部區域，以冰為主成分的天體其氘比例通常比地球海水高。但也存在「哈特雷二號彗星」這種氘比例與地球海水幾乎相同的天體。另外，土衛二是土星的衛星，是個表面被冰覆蓋的天體。本圖參考了伯恩大學阿爾特韋格（Kathrin Altwegg）博士等人發表的論文（刊載於2015年1月23日發行的《Science》）製成。

氘比例以「D/H」表示，源自氘（deuterium）的首字母D與氫的元素符號H。

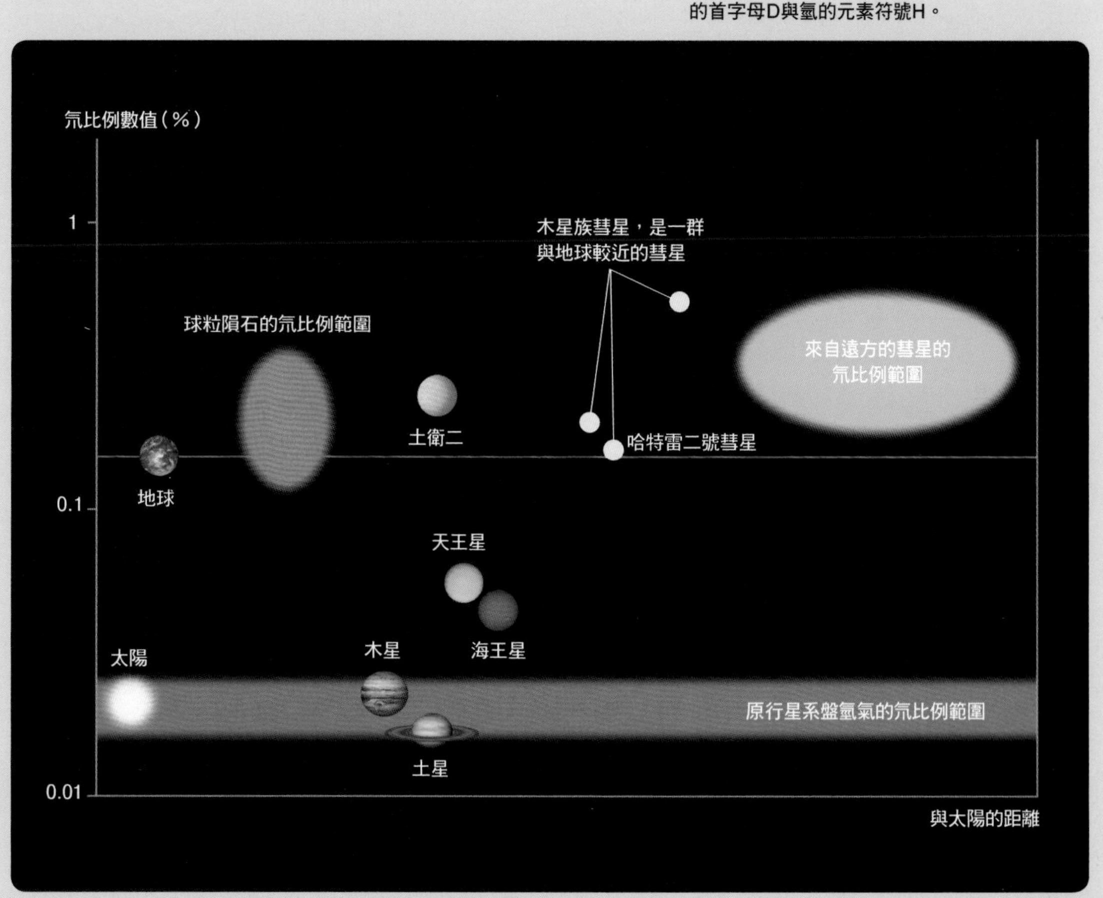

地球以外的世界也有水存在嗎？

水在太陽系中並不是什麼罕見的物質。事實上，外行星的衛星、冥王星等離太陽很遠的公轉天體，表面也多被冰覆蓋。這些天體中，已有證據顯示木星的衛星之一「木衛二」（Europa）的地下含有豐富的液態水。航海家1號、航海家2號、伽利略號這三架探測器的觀察結果顯示，木衛二的冰層裂縫有鹽水滲出的痕跡，表示地下有片冰融化形成的內部海洋。

土星的衛星「土衛二」（Enceladus）地表下很可能也有內部海洋。事實上，已確認到土衛二表面的冰層裂縫有噴出含有機物的溫暖水蒸氣。母行星對這些衛星施加了很強的潮汐力，加熱了衛星內部，所以才會形成內部海洋。

另一方面，目前結凍的天體可能也曾經有海洋存在。譬如目前火星表面上的水已完全結凍，但是從火星地形可知過去曾有流水在地表上活動。火星以前的氣候應不像現在這樣寒冷乾燥，而是溫暖濕潤的氣候狀態，當時地表或許有海洋存在。

一般認為生命的誕生需要「液態水」。探查其他天體是否有海洋，是發現地球外生命體的第一步。

火星目前仍有水

火星是與地球相似的行星，但大氣十分稀薄，故溫差非常大。目前已確認到火星地表覆蓋著冰，地下則有永凍土。考慮到地熱效應，地下可能有由液態水構成的地下湖泊。

木衛二的模樣（想像圖）

整體被冰覆蓋的木衛二表面有許多條狀紋理。大者寬達幾十公里、長達一千公里以上。這些條紋是表層的冰迸裂開來，裂縫中噴出溫暖的冰或鹽水，再度凍結、冰封後所形成。圖為條紋狀裂縫（山谷部分）的想像圖。另一方面，冰層表面幾乎看不到隕石撞擊造成的隕石坑，或許是因為新形成的冰層表面覆蓋掉原本的坑洞。

板塊生成處的洋脊與隱沒處的海溝

地球表面為十多塊堅硬岩盤所覆蓋，這些岩盤稱作「板塊」(plate)。

板塊從洋脊誕生，每年移動數公分。舉例來說，占據太平洋海底大部分區域的太平洋板塊（Pacific Plate）就是由東太平洋隆起（East Pacific Rise）生成，逐漸往西邊延伸，最後在馬里亞納海溝等處沒入地球深處。因此，若是測量太平洋板塊各地的岩石年代，會發現離東太平洋隆起越近的地方岩石就越新，離馬里亞納海溝越近的地方岩石就越老。

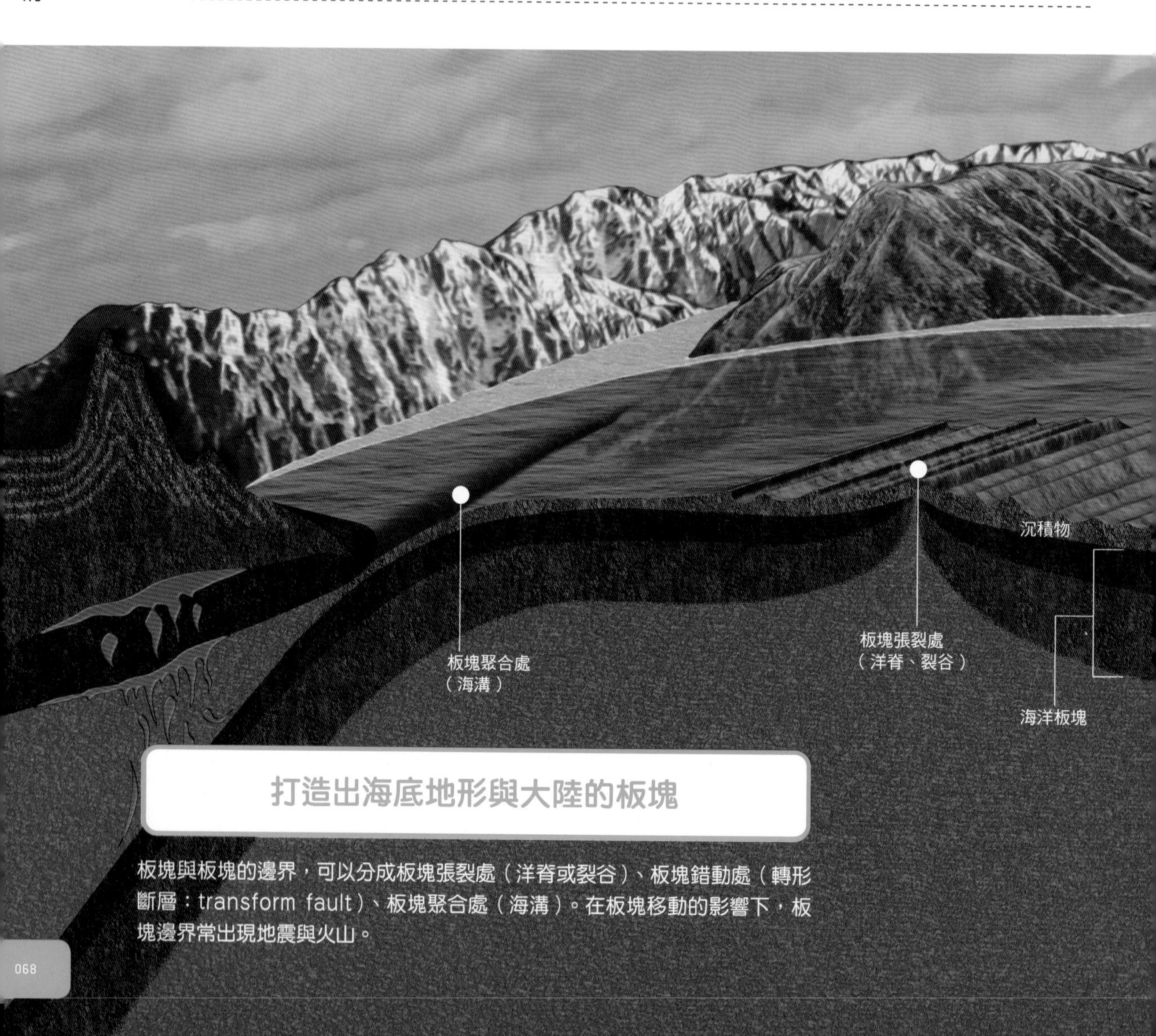

打造出海底地形與大陸的板塊

板塊與板塊的邊界，可以分成板塊張裂處（洋脊或裂谷）、板塊錯動處（轉形斷層：transform fault）、板塊聚合處（海溝）。在板塊移動的影響下，板塊邊界常出現地震與火山。

洋脊

板塊移動方向各不相同，所以板塊邊界的活動可以分成張裂、聚合、錯動這三種。

板塊邊界張裂時會產生洋脊。在洋脊處，為了填滿張裂後產生的裂縫，地函內的岩石會上升至地表，形成新的板塊。此時，高溫岩石會因為壓力下降而部分熔融成岩漿。這些岩漿噴出至地表，接觸到海水而冷卻凝固，形成覆蓋新板塊的海洋地殼。非洲東部的東非大裂谷（Great Rift Valley）也是板塊張裂處，未來可能會像紅海那樣陷落成新的海，成為海底下的洋脊。

海溝

板塊邊界聚合時會產生海溝。就像太平洋周圍一樣，海洋板塊會隱沒至大陸底下的地球深處，同時產生巨大地震。於2011年3月11日發生、規模9.0的東日本大地震，就是因為太平洋板塊隱沒至日本東北地區底下所致。

比海溝淺、寬度較寬的船型盆地，則稱作海槽（trough）。

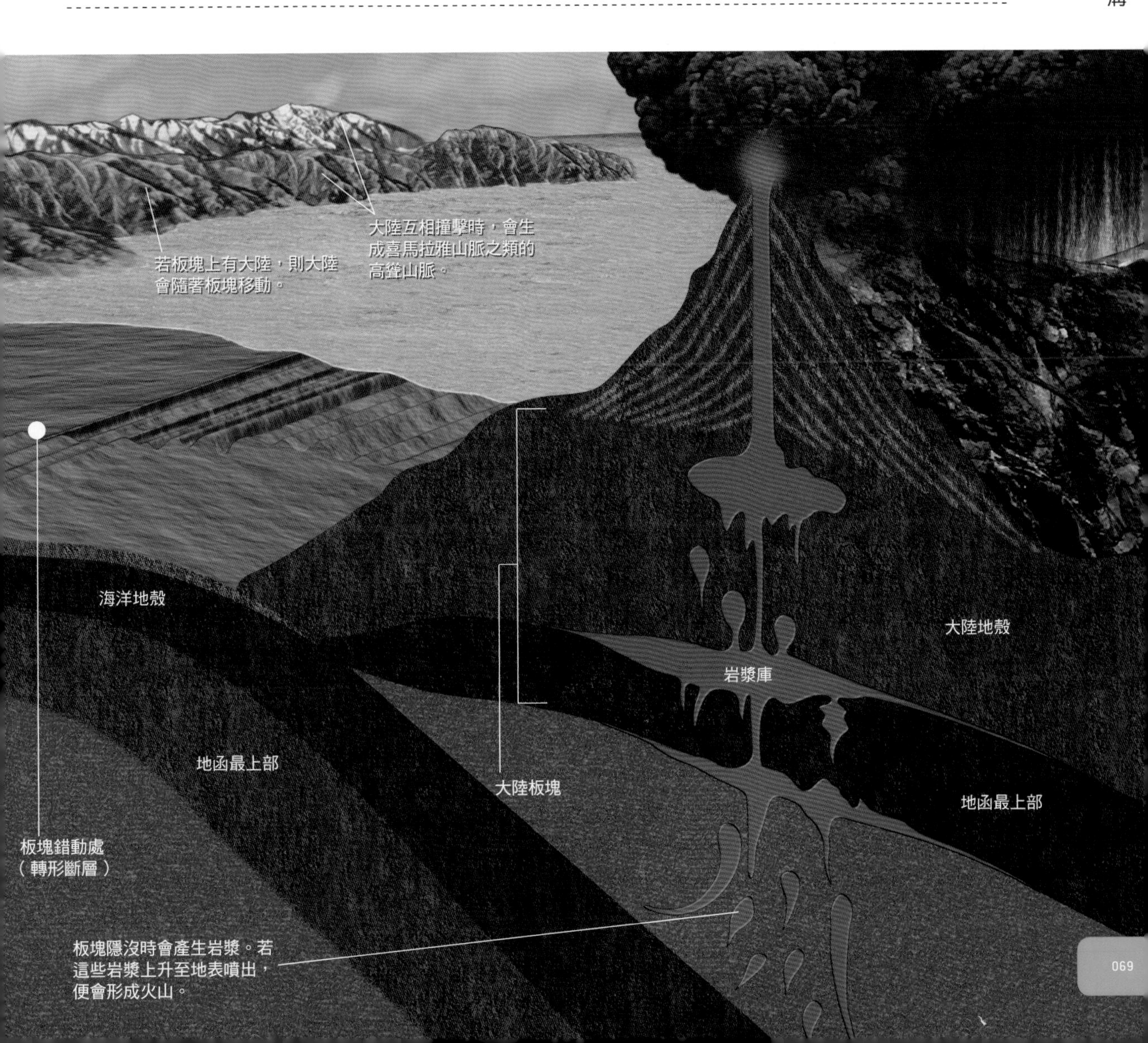

形成夏威夷群島的海底火山活動

夏威夷島是由火山噴發出來的岩漿形成。夏威夷島底下有個來自地球深處的上升流，但因為受到太平洋板塊遮擋，於是在下方往外擴張形成傘狀結構，直徑可達1000公里。這個結構的中心有個在數千萬年間持續供應岩漿的「熱點」（hotspot）。熱點

在不同時間點噴發出來的岩漿，形成了一個又一個島嶼。

夏威夷群島的特色是各個島嶼從東南往西北排成一直線，這是因為承載夏威夷群島的太平洋板塊持續在移動。熱點的位置幾乎不會變，但承載夏威夷群島的太平洋板塊以每年約8～9公分的速度往西北方向移動。熱點噴出岩漿形成火山，火山又往西北移動，於是形成了一系列從西北到東南的島嶼。

目前夏威夷群島中最靠東南者為夏威夷島，而在其東南方的海底，「羅希海底山」（Lōʻihi）不久前才開始活動。預計數萬年後將高過海面，形成島嶼。

基勞厄亞火山的岩漿

基勞厄亞火山的岩漿傾瀉至太平洋的情景。「基勞厄亞」（Kilauea）在夏威夷語中意指「噴發」，因為基勞厄亞火山會噴出許多熔岩而得名。

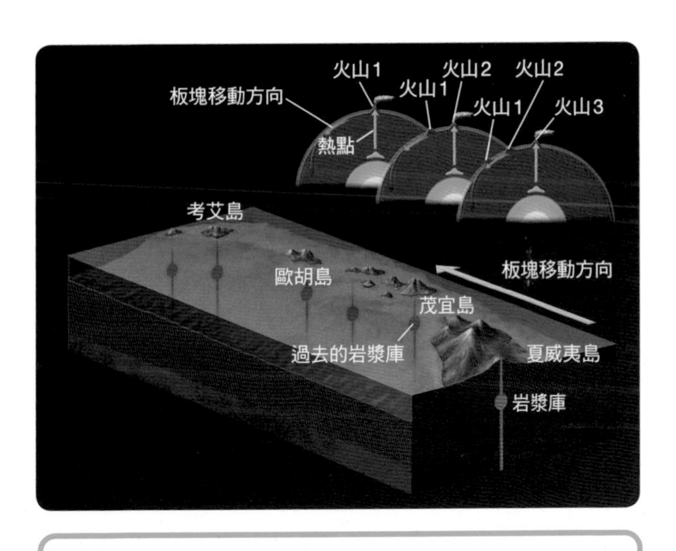

由一連串火山構成的夏威夷群島

由東南延伸到西北的夏威夷群島中，目前唯東南端的夏威夷島還有火山活動，其中又以基勞厄亞火山特別有名。夏威夷群島的岩漿是由地下深處地函上升的「熱點」供應。熱點的位置基本不變，相對地，承載火山島的板塊卻會持續移動。因此，熱點上形成火山島後，火山島就會開始往西北移動，形成如今所見的一連串島嶼。

板塊聚合的地方會發生地震

覆蓋地球表面的十多塊板塊會緩慢移動。不過，這些板塊的移動方向各不相同。因此，某些板塊會彼此相撞，或者某個板塊隱沒到另一個板塊下方。發生板塊隱沒現象的地方稱為「板塊隱沒帶」（subduction zone）。

在板塊隱沒帶，海洋板塊會隱沒到大陸板塊之下。此時，大陸板塊的末端會被海洋板塊往下拉，隱沒到地球深處。不過，當大陸板塊被拉到某個極限時，會回彈到原本的位置，此時便會發生板塊邊界地震。

這種「回彈」的力量相當大，會產生足以載入史冊的超巨大地震。

板塊邊界地震的發生機制

板塊邊界地震的發生機制示意圖。首先，海洋板塊會隱沒至大陸板塊下方（1），接著大陸板塊受到拉力向下隱沒（2），到達一定極限時大陸板塊會上彈，回到原來的位置（3）。

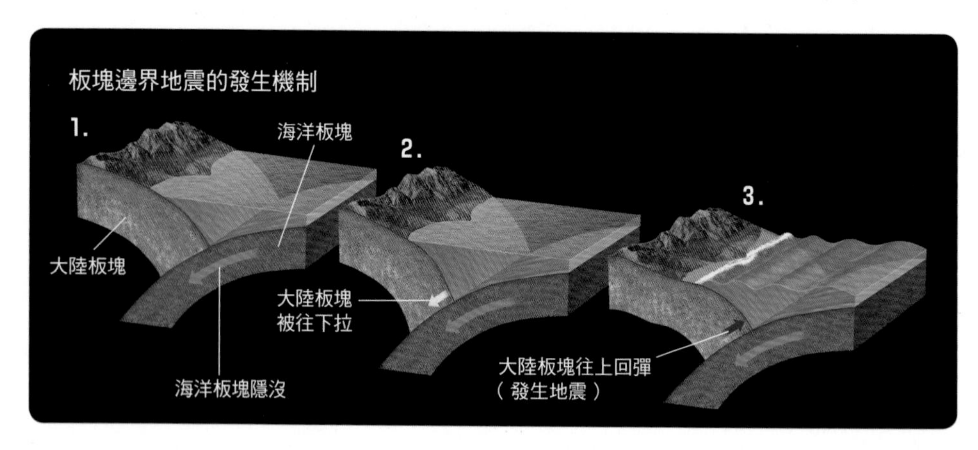

板塊邊界與超巨大地震

插圖所示為覆蓋地球表面的板塊，以及20世紀以後的超巨大地震發生地點。紅線為板塊邊界，其中帶有粉色光暈的部分是「板塊隱沒帶」，箭頭用於表示板塊的移動方向。由此可知環太平洋地區常發生超巨大地震，而且都發生在板塊隱沒帶。

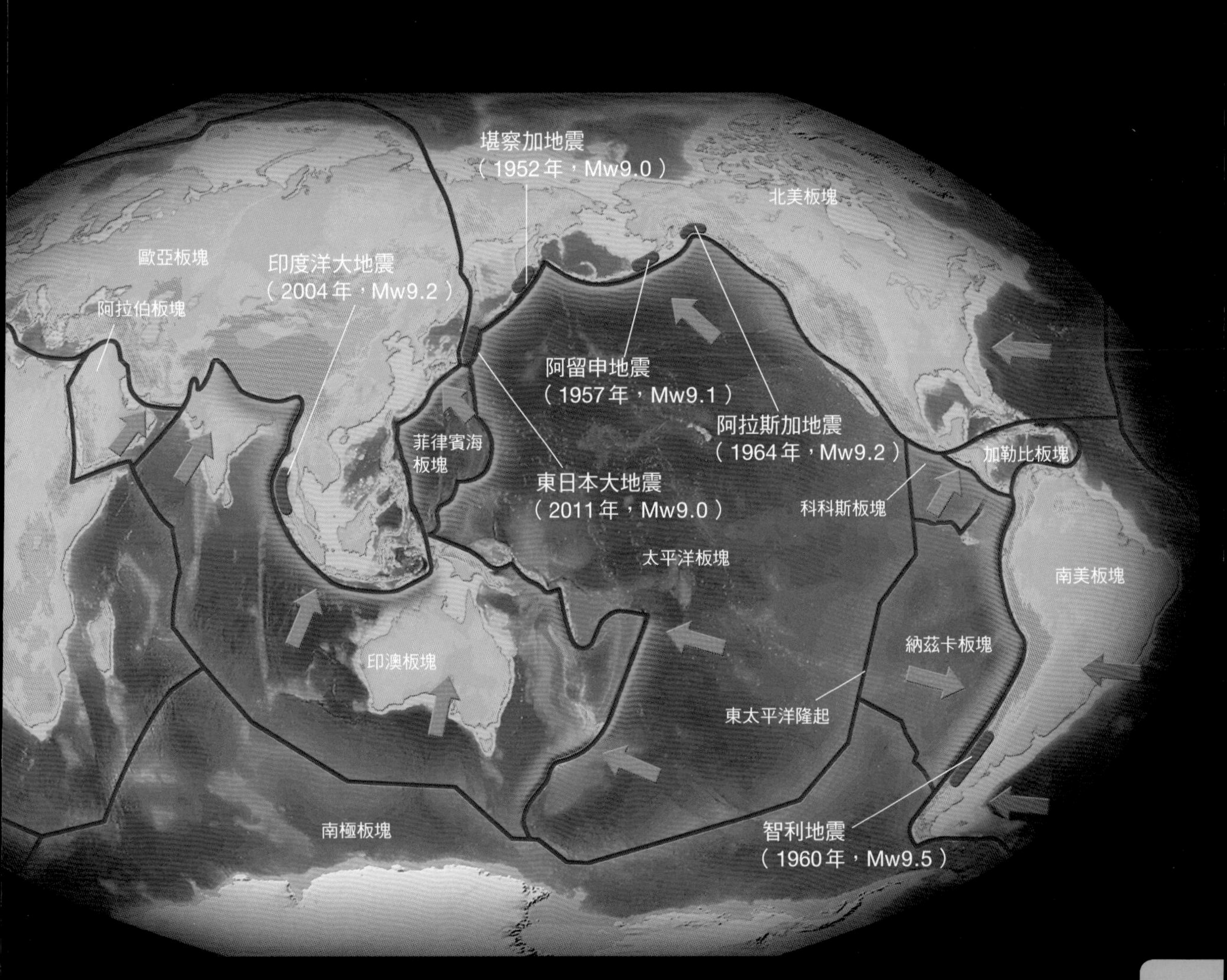

位於大洋正中央 綿延不絕的海底山脈

洋脊是板塊新生成的地方。位於大洋中央、綿延不絕的洋脊稱作中洋脊（mid-ocean ridge），包括大西洋海底的大西洋中洋脊（Mid-Atlantic Ridge）、印度洋海底的印度洋中洋脊（Central Indian Ridge）等，總長度約為7萬公里。

中洋脊所在的海底會持續張裂，每年往兩側擴張數公分。海水會滲入地殼的裂縫，進入地下深處，被岩漿加熱後再從海底噴出，還會形成可噴出高溫黑煙的煙囪狀熱泉，在周圍形成特殊的生態系。

太西洋中洋脊的海丘

位於太平洋中洋脊的「TAG海丘」（TAG mound）示意圖。熱水中含有的金屬與海水反應後沉澱，形成了丘陵般的外觀。TAG海丘的直徑為250公尺、高為70公尺，與東京巨蛋差不多大。

全球的主要板塊與板塊邊界

地球被十多塊板塊包覆。插圖所示為各個板塊的名稱，並以虛線標示出板塊的邊界。日本列島位於歐亞板塊、北美板塊、太平洋板塊、菲律賓海板塊這四個板塊的邊界；臺灣則位於菲律賓海板塊與歐亞板塊的交界（插圖經過簡化）。

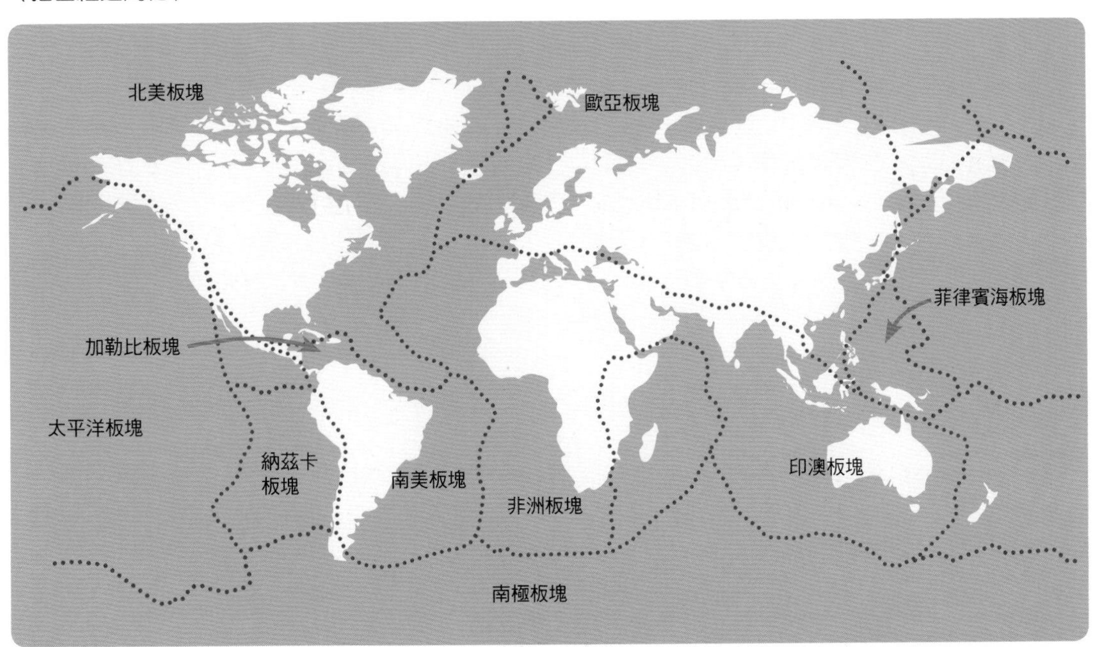

巨大的黑色煙囪「拉普達」

TAG海丘的最上端聳立著會噴出黑煙的巨大煙囪群。這些巨大的黑煙囪名為「拉普達」（Laputa），取自宮崎駿的動畫《天空之城》。圖中繪出了山麓的模樣。煙囪周圍有非常多無眼蝦類聚集成群，周圍溫度較低的區域則有海葵等生物群聚生活。

COLUMN

洋流的循環 維持生態系穩定

洋流可促進「物質」與「熱」的循環，對地球環境有重大的影響。

一般來說，高緯度地區的海水含有較多養分，維繫著海洋生態系。這與先前介紹過的艾克曼輸送有關。高緯度地區的某些海域被西風帶與往西邊吹的「極地東風」（polar easterlies）包夾，這些海域表層附近的海水會因為艾克曼輸送而往外圍移動。為了填補外移的海水，下層海水會上

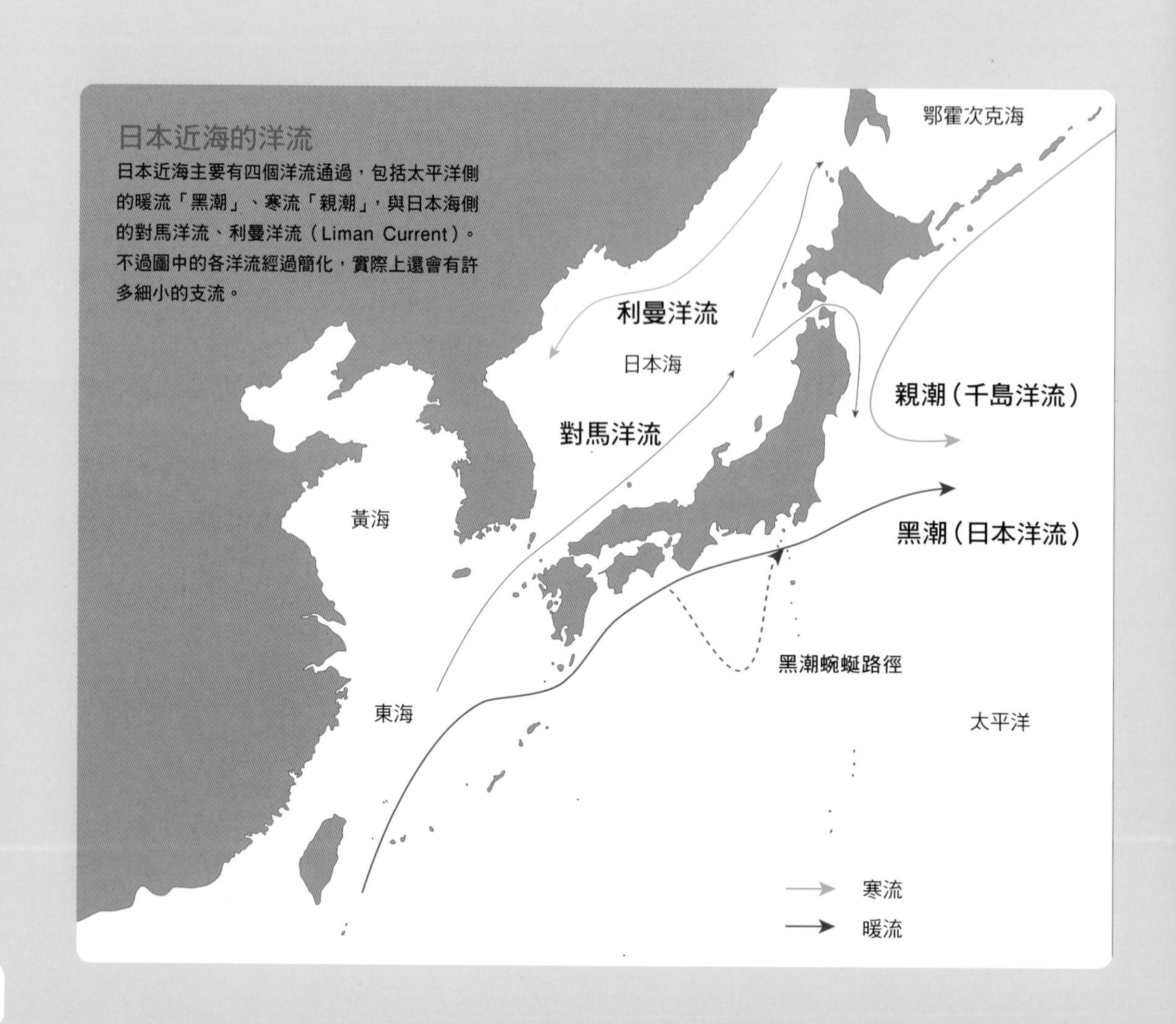

湧。這些海水含有浮游生物屍體等在表層附近沉積、分解後所形成的養分。因為海水下層沒有什麼生物會利用這些養分，所以含量相當豐富。

有這些來自深層的海水上湧，讓高緯度地區海水的養分相當豐富。而寒流通常是從高緯度地區往低緯度地區流動，所以也有供應養分的功能。

另一方面，暖流通常來自養分貧乏的中低緯度地區，所以缺乏養分（赤道正下方的暖流除外）。不過，暖流在維持海洋生態系上也扮演著重要角色。多數浮游生物傾向在水溫高的地方發育成長。當養分含量高且水溫低的寒流與水溫高的暖流交會，便同時滿足了營養與溫度條件，浮游生物得以爆發性成長。

浮游生物成長後能成為小型魚類的食物，小型魚類又是大型魚類的食物。寒暖流交會處通常是世界級的優良魚場，以日本為例，親潮與黑潮交會的三陸地區近海就是這樣的地方。

親潮名稱由來

黑潮的名稱源自其海水呈現藍黑色，親潮的名稱則與顏色無關。因為親潮養育魚類、海藻類等生物，宛如親生父母一般，因而得名。順帶一提，親潮因為富含可作為魚類食物的浮游植物，顏色看起來偏綠。

照片為北海道的襟裳岬。襟裳岬的近海為暖流黑潮與寒流親潮交會的地方。

2
海洋生物
Ocean organisms

大陸棚棲息著各式各樣的生物

棲息於海中的生物十分多樣。光是已確認的物種數就有大約25萬種，如果再加上未確認的生物，估計可達200萬種以上。海洋的水循環使海水在底層到表層間流動，在各層孕育出不同的環境。各個環境分別有不同的生物棲息，形成多樣的生態系。

接下來將依照海岸、大陸棚、深海的順序，介紹不同地方的生物。海岸附近的岩石群會在漲退潮之間形成許多潮池，有海藻、甲殼類等生物棲息於此。進入海中以後，會先看到水深較淺、底部較平坦的海底，稱作大陸棚。這塊海洋區域從浮游生物、魚類到海洋哺乳類都有，是許多生物棲息的地方，物種十分多樣。

超出大陸棚的外緣後，水深急遽增加。一般會將水深200公尺以上的地方稱作深海。深海是光線無法到達的特殊環境，只有深海魚等能適應深海環境的生物可以生存。

第二章將介紹深海生物以外的多種海洋生物。（深海生物的部分留待第三章詳細介紹）

海中多樣的生物

雖然統稱為海洋，但也可以依照地點分成沿岸區域、深海等各種環境。圖中描繪了藤壺、章魚、鯨鯊、深海魚等棲息在海中的多種生物。

多種生物的食物鏈構成了生態系

海洋中棲息著各式各樣的生物，不同生物之間存在著「捕食與被捕食」的關係（食物鏈）。

舉例來說，大陸棚海域的生態系可以用右圖所示的階層結構（生態金字塔：ecological pyramid）加以說明。越上面的階層，生物的個體數越少、生產力越低，故呈現尖頂的金字塔狀。

最下方的階層是浮游植物等「生產者」，可透過光合作用產生能量。以浮游植物為食者是位於其上的初級消費者（浮游動物等），以初級消費者為食者是次級消費者（魚類、頭足類等），以次級消費者為食者是三級消費者（齒鯨類、鰭腳類等），三級消費者則會被四級消費者捕食（大型哺乳類及鯊類），這就是生態塔各階層的關係。

許多人為因素會破壞海洋生態系的平衡。譬如填海工事、防砂壩建設、海洋汙染等，都會讓生物的棲息環境惡化。再者，濫捕、混獲會使個體數減少，甚至可能導致物種瀕臨滅絕危機。

此外，氣候變動也會影響海洋生態系。近年來，海水溫上升導致的珊瑚白化現象逐漸成為嚴重問題。珊瑚白化後，以珊瑚礁為家的生物便失去了居住場所。珊瑚礁有9萬多種生物棲息，生物多樣性相當高。如何保護珊瑚礁是當前緊急的課題。

頂級掠食者
（虎鯨、北極熊、大型鯊類等）

三級消費者
（齒鯨、鰭腳類、鯊類等）

次級消費者
（魚類、頭足類等）

初級消費者
（浮游動物、部分魚類等）

生產者
（浮游植物、海藻等）

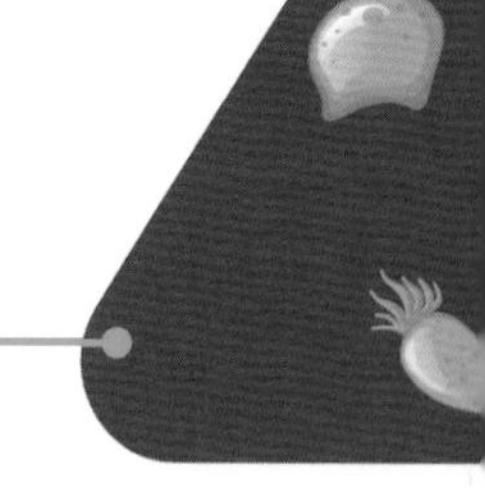

生態金字塔

圖為棲息在海中的各生物食物鏈關係，以金字塔形狀表示。位於金字塔最下方的浮游植物可行光合作用，製造生存所需的能量。浮游植物可成為浮游動物的食物，浮游動物可成為魚類的食物，魚類可成為海豹等哺乳類的食物，海豹則會成為虎鯨等大型哺乳類或鯊魚的食物。

基因上接近河馬 外型像魚的哺乳類

鯨豚類的外型與魚類相似，卻是以母乳哺育子代的哺乳類。鯨豚類在基因上與河馬最為接近，可能是從牛及河馬的共同祖先分歧演化而來。近年來，多將傳統分類上的鯨豚目（Cetacea）與偶蹄目（Artiodactyla）合併成鯨偶蹄目（Cetartiodactyla）。

目前已確認的鯨豚類共約90種，大致上可以分成擁有過濾食物之「鬍鬚」（鯨鬚：Baleen）的「鬚鯨類」（Mysticeti），以及長有尖牙的「齒鯨類」（Odontoceti）。鬚鯨類以藍鯨、露脊鯨、座頭鯨等大型鯨類居多。藍鯨的體長甚至可以超過30公尺。另一方面，齒鯨類則包括抹香鯨、白腰鼠海豚等。其中，抹香鯨屬於大型鯨豚，但大部分的齒鯨則如白腰鼠海豚般體型較小。

大部分的鬚鯨會在高緯度海域至低緯度海域長距離洄游。夏季會待在食物豐富的南極或北極附近的寒冷海域生活，冬季則到赤道附近的溫暖海域產下子代。另一方面，齒鯨的生活習性則會因為物種不同而有很大的差別。其中也有像是亞馬遜河豚這種終其一生都在河流生活的物種。

鯨的身體運作

右頁為小鬚鯨（鬚鯨類）與抹香鯨（齒鯨類）的身體結構差異。小鬚鯨沒有牙齒，而是透過「鬍鬚」濾出魚與浮游生物後吞下。在捕食的時候，「喉腹褶」（throat pleats）會伸展開來，讓嘴巴能一口氣塞滿大量海水。另一方面，抹香鯨擁有又大又方的頭部與尖牙，使用聲波捕獲獵物。

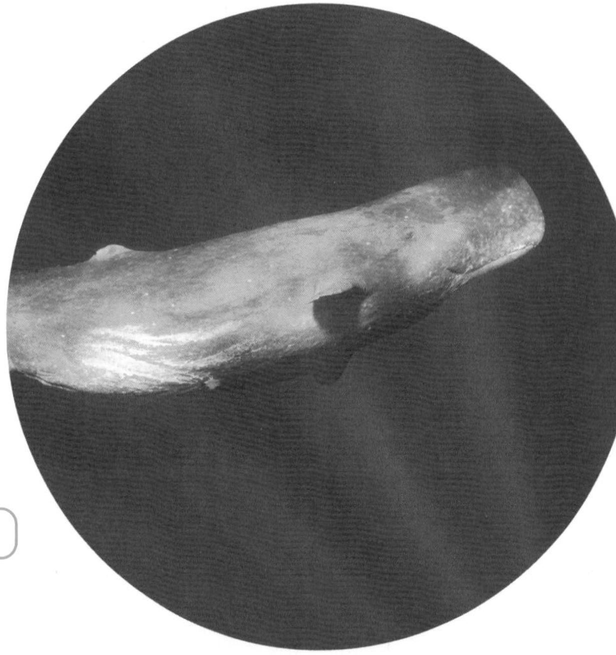

抹香鯨／*Physeter macrocephalus*

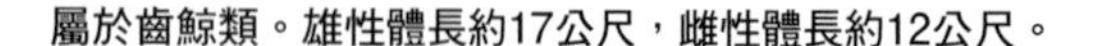

屬於齒鯨類。雄性體長約17公尺，雌性體長約12公尺。

南露脊鯨／*Eubalaena australis*

屬於鬚鯨類，體長超過18公尺。

小鬚鯨（鬚鯨類）

抹香鯨（齒鯨類）

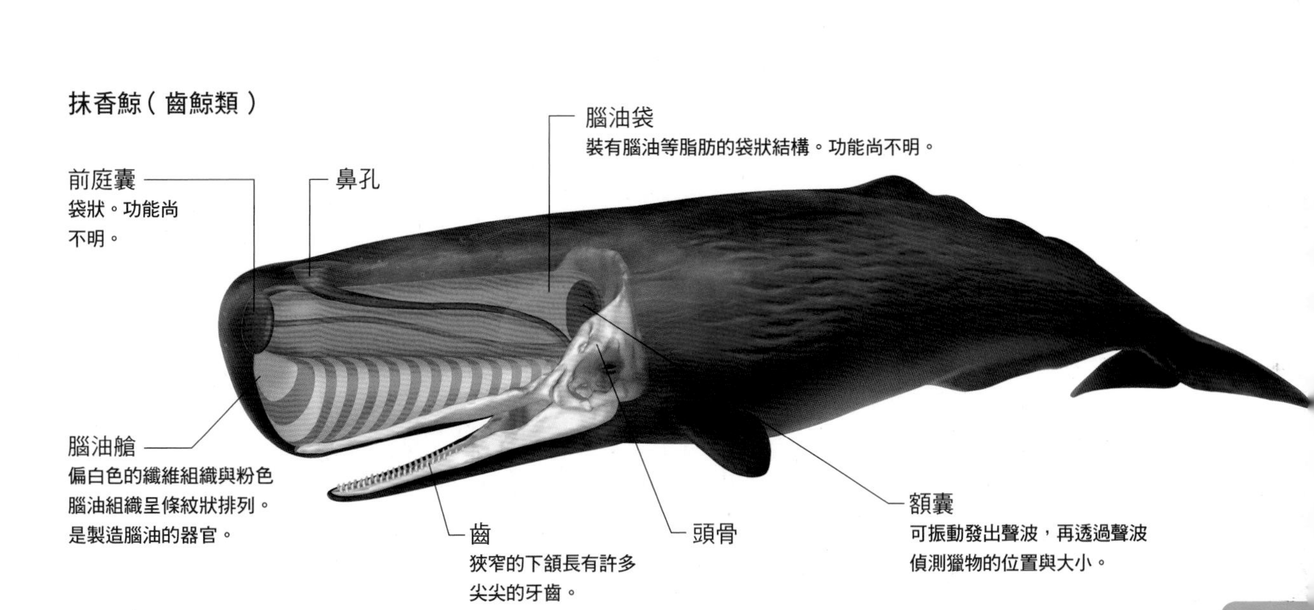

海獅及海豹擁有利於游泳的四肢

儒艮／*Dugong dugon*

分類：海牛目 儒艮科
體長2.5～3公尺。分布於印度洋與太平洋。棲息於熱帶、副熱帶的淺海沿岸。

港灣海豹／*Phoca vitulina*

分類：食肉目 海豹科
體長1.6～1.7公尺。棲息於太平洋北部、大西洋北部沿岸。

除了前頁介紹的鯨豚類之外，還有各式各樣的哺乳類動物棲息在海洋中。譬如「海牛類」（Sirenia）的儒艮與海牛、「鰭腳類」（Pinnipedia）的海獅與海豹，除此之外還有海獺、北極熊等。

鯨豚類與海牛類的體型適合游泳，一生皆在海中度過。鰭腳類的體型也適合游泳，一生中多數時間都在海中度過，只有生產時會到陸地上。相對於鯨豚類、海牛類的後肢退化，鰭腳類則擁有鰭狀四肢，比起在陸地上步行，更適合在海中游泳。

海獺幾乎不會上陸，不管是進食、睡眠、交配、生產，幾乎一生都在海上度過。海獺體表每1平方公分就長有10萬根毛。這可以防止皮膚接觸到海水，即使泡在冰冷的海水中仍能保持體溫。

北極熊棲息在寒冷的北極圈，多半生活在被冰覆蓋的海上。牠們會在水面附近埋伏，等待海豹浮上水面時一舉獵殺。與其他種類的熊相比，北極熊的頭較小、脖子較長，游泳時更有效率。

海獺／*Enhydra lutris*

分類：食肉目 鼬科
體長1.4～1.5公尺。棲息於太平洋北部沿岸。

北極熊／*Ursus maritimus*

分類：食肉目 熊科
體長2～3公尺。棲息於北極圈沿岸、歐亞大陸周圍有流冰分布的海域。

軟骨魚類的生殖方式有卵生與胎生

裸鰆／*Gymnosarda unicolor*

分類：條鰭魚綱 鱸形目 鯖科
體長1～2公尺。分布於印度洋至大西洋西部的熱帶、副熱帶海洋沿岸。

鯨鯊／*Rhincodon typus*

分類：軟骨魚綱 鬚鯊目 鯨鯊科
體長6～8公尺，最大可達約19公尺。分布在地中海以外的熱帶、副熱帶海洋沿岸至外海。

蒲氏黏盲鰻／*Eptatretus burgeri*

分類：盲鰻目 盲鰻科
體長約60公分。分布於東海、朝鮮半島南部、日本本州中部地區以南。

魚類屬於脊椎動物，身上的鰭利於游泳。世界上的魚類多達3萬6000種以上，占所有脊椎動物的大約一半以上。

魚類大致上可以分成「無頷骨」（連接上下顎的骨頭）的無頷類（agnathan，盲鰻類、八目鰻類）以及「有頷骨」的有頷類（gnathostomata，軟骨魚類、條鰭魚類、總鰭魚類、肺魚類，如下方系統樹）。

條鰭魚類（Actinopterygii）是指總鰭魚類、肺魚類以外的硬骨魚類，現生魚類多屬於此類。棲息在淡水或海水，多以「卵生」（產下有卵殼的卵）方式繁殖下一代。

軟骨魚類（Chondrichthyes）的骨骼由軟骨構成。包括鯊魚、魟魚等已知有1200種左右，棲息在淡水或海水。繁殖形式為卵生，也有部分會以「胎生」直接產下子代。卵生鯊魚的卵殼有著獨特外型，有的形狀扁平、有的長得像螺絲。已知胎生鯊魚可以分成兩種類型：子代靠卵黃營養發育，或是子代靠母親的營養發育。

魚類系統樹

現生魚類系統樹示意圖。魚類包括硬骨魚類、軟骨魚類，以及有「活化石」之稱的八目鰻類與盲鰻類。硬骨魚類包含了一般常見的條鰭魚類、腔棘魚等所屬的總鰭魚類，以及肺魚類。

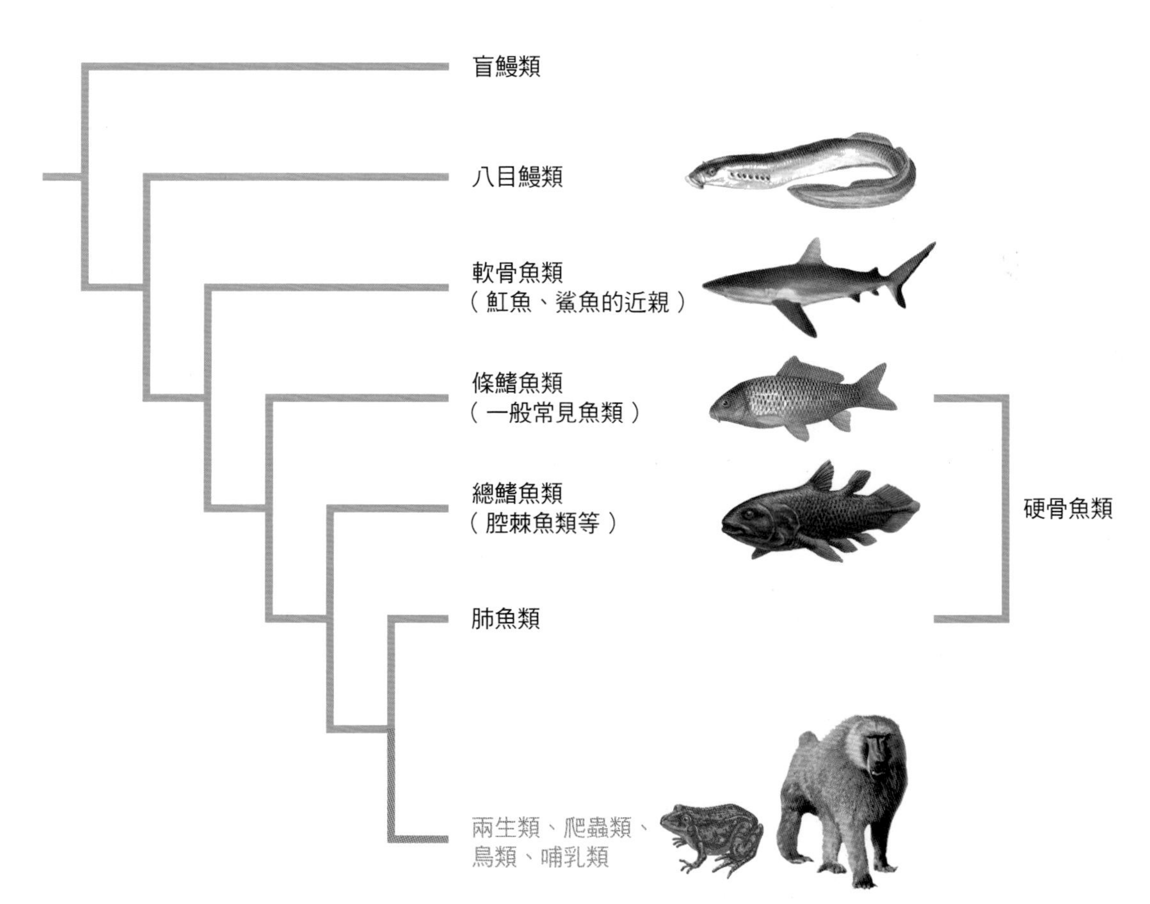

每隔數年就會回到首次產卵的沙灘產卵

海龜的一生幾乎都在海中度過。海龜是歸類於海龜科（Cheloniidae，又稱蠵龜科）與革龜科（Dermochelyidae）底下的7種龜類生物的總稱。龜類包括終生在水中生活的海龜、幾乎終生都在陸地上生活的陸龜，以及同時需要陸地與河流的兩生龜類。依照棲息環境的不同，四肢骨骼也有所差異（右頁圖）。海龜前肢呈槳狀，利於游泳。

海龜龜殼的形狀也是特徵之一。與陸龜或淡水龜相比，海龜的龜殼扁平且表面平滑。扁平的龜殼、呈槳狀的碩大四肢，再加上發達的胸肌，使海龜沒有辦法把頭與四肢縮進龜殼內。

所有海中生物都需要一套排除體內過量鹽分的生理機制。海龜眼睛後方有個巨大的「鹽腺」（salt gland），可以由此排出鹽水。排出鹽水時看起來就像在哭泣一樣，不過這並非悲傷的表現。

說到海龜，就會讓人聯想到在岸邊產卵的樣子。日本的茨城縣南部是赤蠵龜的產卵地。雌龜堅持回到最初產卵的沙灘，每隔2～4年產卵一次。新生海龜的性別取決於孵出時的溫度。以在日本海岸產卵的赤蠵龜為例，當溫度高於29℃時會孵出雌龜，低於29℃時則會孵出雄龜，29℃時機率大約是各半。

赤蠵龜／*Caretta caretta*

海龜的四肢趾骨較長

插圖列出了棲息地不同的海龜、陸龜、淡水龜的左前肢骨骼（設三者的肱骨長度相等）。在陸地上生活的陸龜四肢趾骨較短，步行時四肢整體而言呈柱狀，適合在地面上行走或挖洞。另一方面，海龜等在水中生活的龜類前肢趾骨（圖中紅色部分）較長，前肢整體而言呈槳狀，有利於游泳。

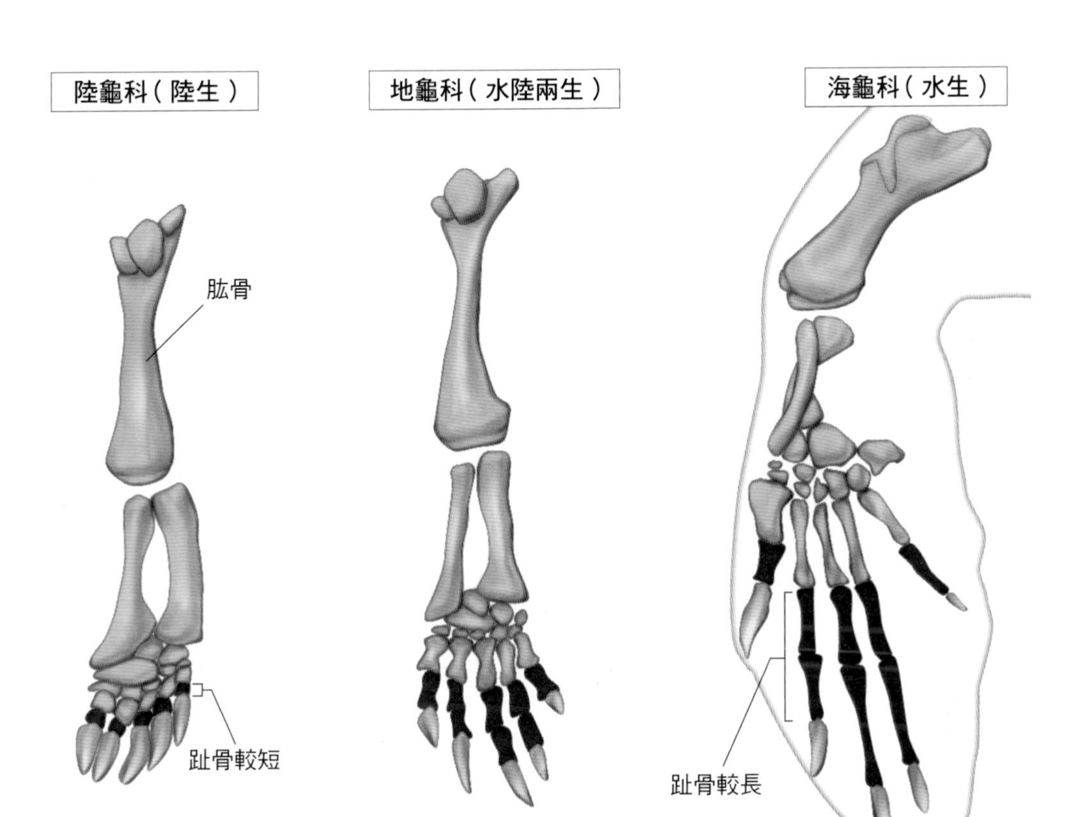

專欄 COLUMN 海龜滅絕危機

根據國際自然保護聯盟（IUCN）公布的瀕危物種紅色名錄（2021年版），現存的7種海龜當中有6種瀕臨滅絕。海龜濫捕是導致個體數減少的原因之一，諸如成體海龜與海龜卵遭人食用、龜殼被當作裝飾品使用。此外，在漁業捕撈過程中可能會意外捕獲海龜的「混獲」等問題，也是造成海龜個體數減少的原因。

蝦與蝦蛄是兩種不同的生物

甲殼類（crustacean）隸屬於節肢動物門甲殼綱，已知約7萬種，主要以蝦、蟹為代表。除此之外，蝦蛄、藤壺、水蚤、磷蝦等也屬於甲殼類。甲殼類的身體分成多個體節，每個體節皆有「附肢」突出。附肢有感覺與運動等功能，包括觸角、步行用的步足等皆屬於附肢。

甲殼類中，蝦、蟹、淡水螯蝦、寄居蟹等

肉球近方蟹／*Hemigrapsus sanguineus*

分類：十足目 弓蟹科
蟹殼寬度約3公分，棲息於有許多小石頭的岩灘。

日本龍蝦／*Panulirus japonicus*

分類：十足目 龍蝦科
體長約30公分。分布於日本列島（茨城縣以南）、臺灣、韓國沿岸。棲息於淺海岩礁等地。

屬於「十足目」（Decapoda）。已確認的十足目約有 1 萬種，棲息在海洋與淡水，多為體型較大的物種。

蝦蛄看似與蝦類的外型相似，卻是歸類於「口足目」（Stomatopoda）的另外一群生物。現存的口足目生物僅有蝦蛄一類，具有一對巨大且發達的螯足，可用於抓捕小型魚蝦或敲裂貝類外殼。

藤壺的外表乍看之下像是貝類的近親，實際上屬於甲殼類的「完胸目」（Thoracica）。藤壺會附著在防波堤、海邊岩石上，緊閉著外殼一動也不動，然而這只是露出海面時的模樣。當漲潮沒入水中後，藤壺就會打開外殼，伸出內部的蔓足，捉取水中的浮游生物送入口中為食。

長腕寄居蟹／*Pagurus filholi*

分類：十足目 寄居蟹科
蟹殼長度約 1 公分。分布於日本與朝鮮半島，棲息於岩石較多的海岸。

口蝦蛄／*Oratosquilla oratoria*

分類：口足目 蝦蛄科
體長約15公分，分布於北海道至九州、臺灣、中國的沿岸。棲息於淺海泥土底部等。

白脊管藤壺／*Fistulobalanus albicostatus*

分類：無柄目 藤壺科
外殼直徑約1.5公分。分布於日本本州各地、中國、臺灣。棲息於岩礁上。

磷蝦／*Euphausiacea*

分類：軟甲綱 磷蝦目
體長1～5公分的浮游生物。分布於全世界的海洋沿岸至近海。

體內細胞含有色素，可任意改變體色

章魚與烏賊是近親，同屬於「頭足類」（Cephalopoda），腳（腕）長在頭部的嘴巴周圍。頭足類可能是從雙殼類或螺類等擁有貝殼的生物演化而來。雖然頭足類的體外沒有貝殼，系統上卻是螺類的近親。

章魚（蛸）屬於八腕總目（Octopodiformes）的八腕目（Octopoda），已知有約300種。包括真蛸（無翅亞目：Incirrina，下圖）、飯蛸（無翅亞目）、面蛸（有翅亞目：Cirrina）等。日本近海棲息著大約60種章魚。章魚主要棲息於溫帶區域的岩礁及大陸棚等淺海，部分在深海中生活。

另一方面，烏賊屬於十腕總目（Decapodiformes），已知有約450種。包括太平洋魷（管魷目：Teuthida，右頁圖）、耳烏賊（耳烏賊目：Sepiolida）、真烏賊（烏賊目：Sepiida）等。烏賊棲息於各種海中環境，從極地到熱帶、從淺海到深海都能發現其蹤跡。

章魚與烏賊的體表有含色素的袋狀「色素細胞」（chromatophore）。色素細胞的顏色五花八門，包括黑色、紅色、橙色、黃色等，肌肉的運動可改變袋子的大小，也就是能迅速改變外觀的顏色深淺。當色素細胞延展開來時，皮膚表面就會顯現顏色；當色素細胞收縮時，顏色便會消失。章魚與烏賊便是透過這種機制，轉變成與周圍景色相近的體色與紋理，來欺騙敵人的目光。

章魚的身體結構

章魚有8隻腕，可自由調整長度、運動方向及軟硬度。膨大的袋狀結構常被認為是頭部所在，但其實是裝滿內臟的身體，章魚的頭在身體與腕之間。章魚的腕是直接從頭部長出來。

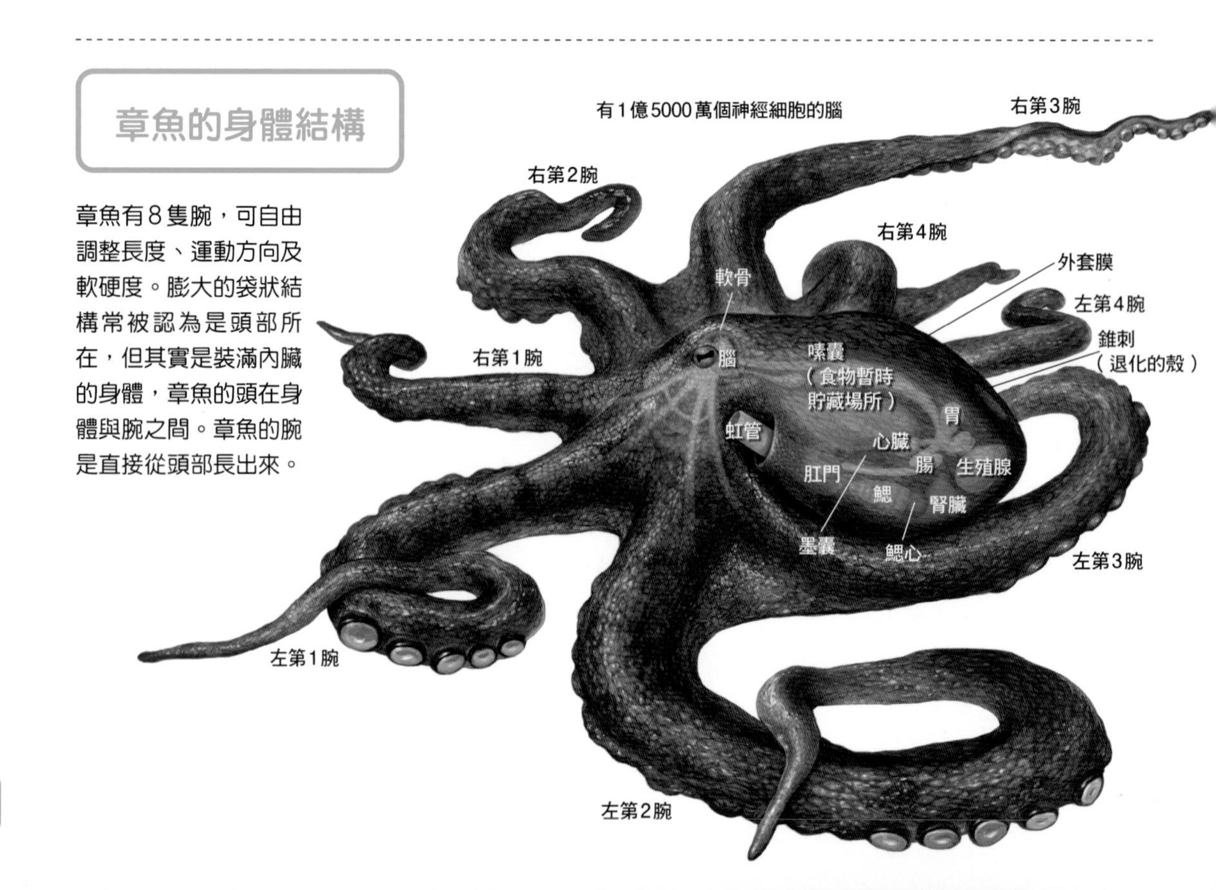

烏賊的身體結構

烏賊有10隻腕，除了一般的8隻腕之外，還有2個捕食用的「觸腕」。與章魚相同，烏賊的頭部在身體與腕之間，腕直接從頭部長出來。烏賊有三個心臟：將血液送至全身的一般心臟，以及兩個將血液送至鰓的「鰓心」（branchial heart）。

註：圖為從烏賊腹側觀看的角度。

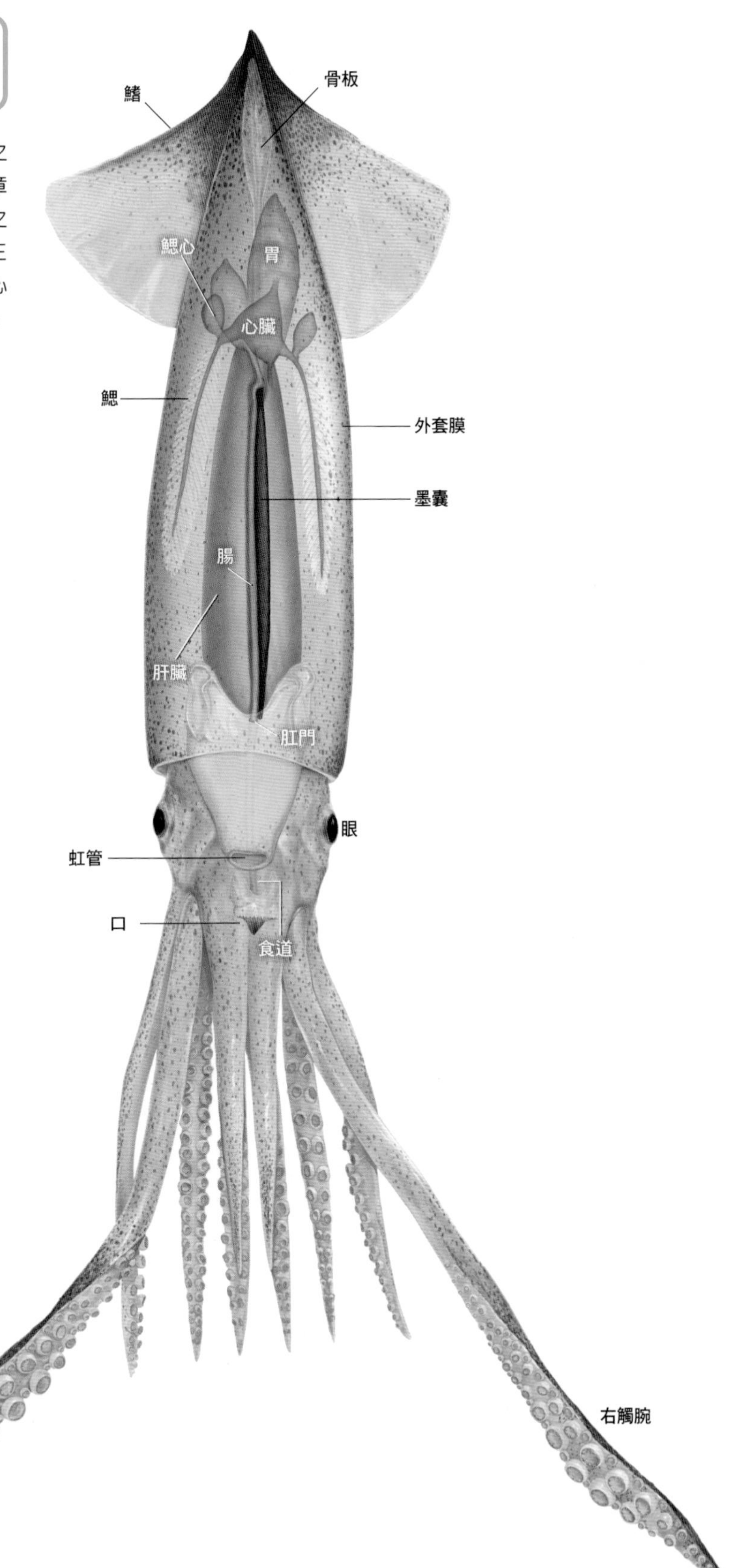

雖然看似兇猛，但只有少數鯊魚會襲擊人類

鯊魚屬於軟骨魚類，已知全世界有超過500種鯊魚。日本近海所能看到的大約130種。鯊魚棲息於全球的海洋中，多數物種生活在淺海，其中也有部分生活在4000～5000公尺的深海中。除了海洋之外，也有某些鯊魚會洄游至河流。

根據體型、鰭的有無、鰓孔數等特徵，可系統性地將鯊魚分成九個類群（如插圖、系統樹所示）。鯊魚的體型大小會因為物種不同而有很大的差異。鯨鯊是體型最大的鯊魚，最大可達15公尺，也是現生魚類中最大者。相對地，小型鯊魚如雷氏光唇鯊（*Eridacnis radcliffei*）、卡特烏鯊（*Etmopterus carteri*）等，則只有20～25公分長。

鯊魚為肉食動物，以浮游生物、貝類、烏賊、章魚、蝦蟹、魚類、哺乳類等為食，不同種的鯊魚食性也不一樣。人們對鯊魚的印象通常是會攻擊人類的兇猛動物，但實際上會襲擊人類的鯊魚只有極小部分而已。已知約500種鯊魚中只有30種會襲擊人類，僅占整體的6%左右。

外表多樣的鯊魚

不同鯊魚的大小與形狀各不相同。圖中列出了最大的鯊魚鯨鯊、最小的鯊魚之一雷氏光唇鯊，以及各種（8個目）外形的鯊魚。

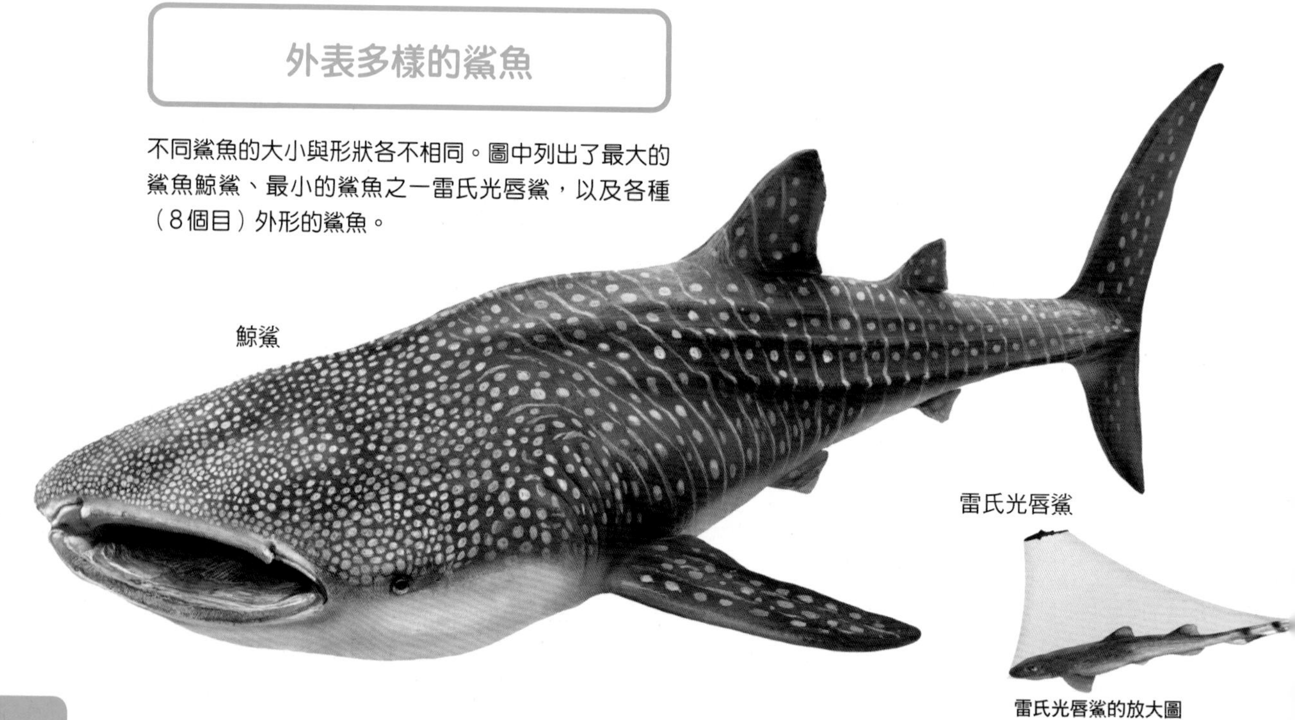

鯊魚的系統樹

鯊魚大致上可以分成「鼠鯊上目」(Galeomorphi)與「角鯊上目」(Squalomorphi)。鼠鯊上目可以再分成虎鯊目、鬚鯊目、鼠鯊目、真鯊目這四個類群。角鯊上目可以再分成六鰓鯊目、角鯊目、棘鯊目、扁鯊目、鋸鯊目這五個類群。

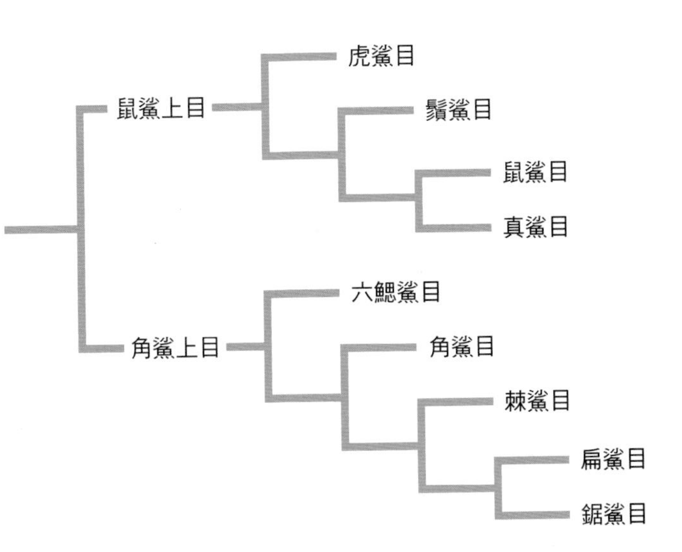

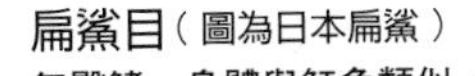

扁鯊目(圖為日本扁鯊)
無臀鰭,身體與魟魚類似。

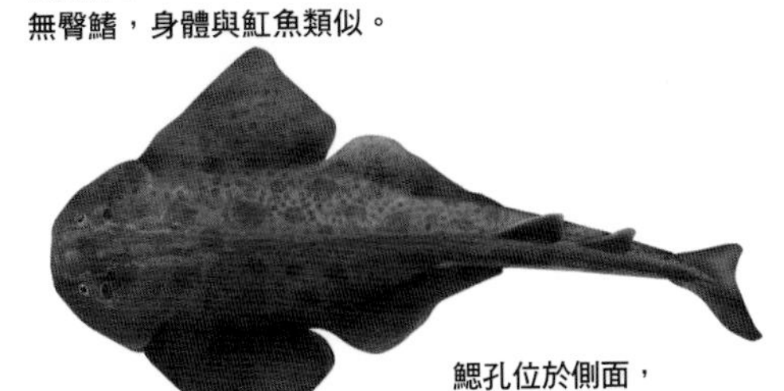

角鯊目(圖為日本角鯊)
無臀鰭,身體呈圓筒狀,吻部較長。

鋸鯊目(圖為鋸鯊)
無臀鰭,吻(眼睛前方部分)呈鋸狀。

六鰓鯊目(圖為皺鰓鯊)
有一對背鰭、六~七對鰓孔。

虎鯊目(圖為日本異齒鮫)
有兩個背鰭、五對鰓孔,背鰭長有棘。

鼠鯊目(圖為巨口鯊)
有兩對背鰭、五對鰓孔。嘴巴延伸到眼睛後方。

鬚鯊目(圖為日本鬚鯊)
有兩個背鰭、五對鰓孔。鼻孔有一對鬍鬚。

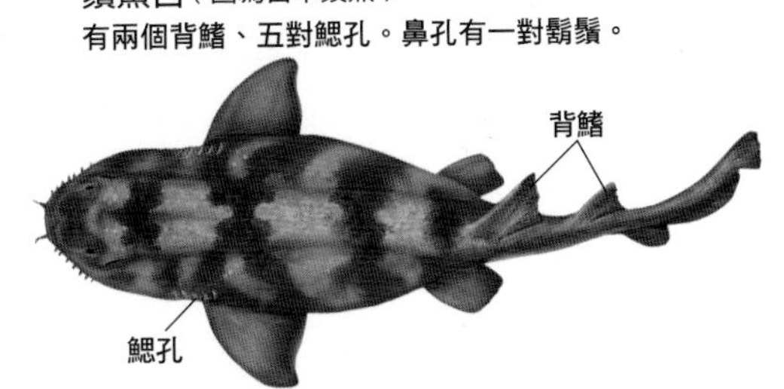

真鯊目(圖為錘頭雙髻鯊)
有兩對背鰭、五對鰓孔。嘴巴延伸到眼睛後方。眼睛有「瞬膜」。

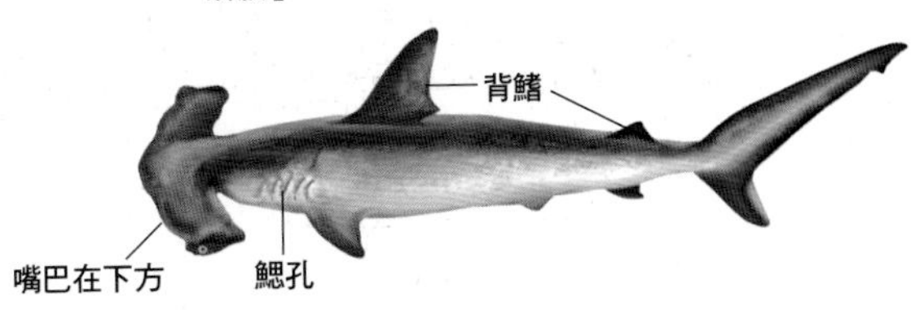

漲退潮產生的水窪是生物的寶庫

篩口雙線鳚／*Enneapterygius etheostomus*

分類：鳚形目 三鰭鳚科
體長約6～7公分。以日本而言，廣布於北海道南部至九州。棲息於海岸的潮池。

奇異海蟑螂／*Ligia exotica*

分類：等足目 海蟑螂科
體長約 4 公分。廣布於日本本州以南的西太平洋、印度洋沿岸。棲息於海岸的岩石（陸地部分）上。

密紋泡螺／*Hydatina physis*

分類：腹足綱 船尾螺科
殼長約40毫米的螺類。分布於日本房總半島以南、太平洋、印度洋。棲息於潮間帶的岩礁。

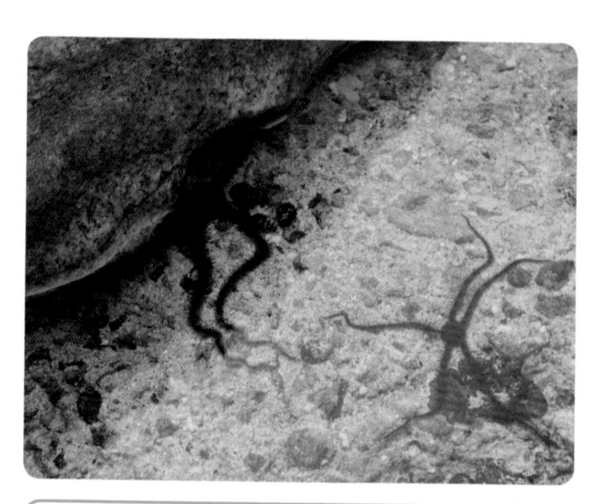

陽遂足／Ophiuroidea

分類：棘皮動物門 蛇尾綱
有五隻細長的腕，不同種的陽隧足腕長也不一樣，介於數公分到數十公分之間。分布於世界各地的淺海至深海。棲息於岩石縫隙或泥沙中。

幾乎沒有砂地且岩石眾多的海岸，稱作「岩灘」。乾潮時，岩灘的縫隙間會留下海水水窪，稱作「潮池」（tide pool）。潮池內可以觀察到魚、蟹、貝類等各種生物。除了這些生物之外，岩灘還可以看到固定在岩石上的海綿、海藻、水母、鯙魚等生物。有些水母有毒，鯙魚會用銳利的牙齒攻擊敵人，尋找這些生物時要多加留意。

以下搭配照片介紹幾個岩灘的代表生物。

花笠水母／*Olindias formosa*

分類：淡水水母目 花笠水母科
傘的直徑約4～5公分。以日本而言，分布於本州中部至九州的太平洋沿岸。

紫海綿／*Haliclona permollis*

分類：單骨海綿目 指海綿科
高度最大約５公分。分布於日本各地沿岸。棲息於潮間帶的岩石。

石蓴／*Ulva* sp.

分類：石蓴目 石蓴科
大小視種類而異，介於數公分到數十公分之間。廣布於日本及世界各地的沿岸。

龜足茗荷／*Capitulum mitella*

分類：鎧茗荷目 指茗荷科
體長約５公分。廣布於日本本州至馬來半島，會成群固定在潮間帶上半部的岩縫等處。

共生的蟲黃藻排出造成珊瑚白化

珊瑚是一種生物，珊瑚礁就是聚在一起的珊瑚經過一段時間後形成的石灰質地形。珊瑚的骨骼硬化後會形成石灰岩。只有在水溫18～30℃的溫暖海洋才會形成巨大珊瑚礁。

珊瑚礁占地球上總海洋面積的比例只有0.1%。不過，棲息於海洋的生物中，有大約9萬種生物棲息於珊瑚礁。珊瑚礁的生態多樣性與熱帶雨林相當。

世界上珊瑚種類最多的區域，是由印尼、菲律賓、新幾內亞島圍成的「珊瑚大三角」（Coral Triangle）。估計有大約450種以上的珊瑚棲息在這片海域。珊瑚的形狀包括桌狀、樹枝狀、塊狀等，生長情形會受到抵達的光線量、水流強度等條件影響。

珊瑚的個體與「蟲黃藻」（zooxanthellae）這種小型藻類共生。珊瑚的顏色取決於本身具有的色素與所含蟲黃藻的數量。若珊瑚是褐色，代表體內含有較多蟲黃藻。當遇到水溫上升等狀況時，珊瑚會感受到壓力，體內的蟲黃藻會喪失光合作用能力，令珊瑚排出這些異常的蟲黃藻，珊瑚骨骼會變得透明而呈現白色。這就是所謂的珊瑚白化現象（coral bleaching，右頁下方照片）。白化是珊瑚瀕臨死亡的樣子。不過，白化不等於死亡，若能解決水溫過高等問題讓蟲黃藻回歸，珊瑚即可復生。

光的強度與珊瑚形狀的關係

插圖所示的三種珊瑚皆能在水深小於10公尺的淺海看到。一般而言，光線量較多的地方會形成桌狀珊瑚；光線量較少時多會形成樹狀、塊狀珊瑚。珊瑚形狀會受到水流強度與其他環境因素的影響。

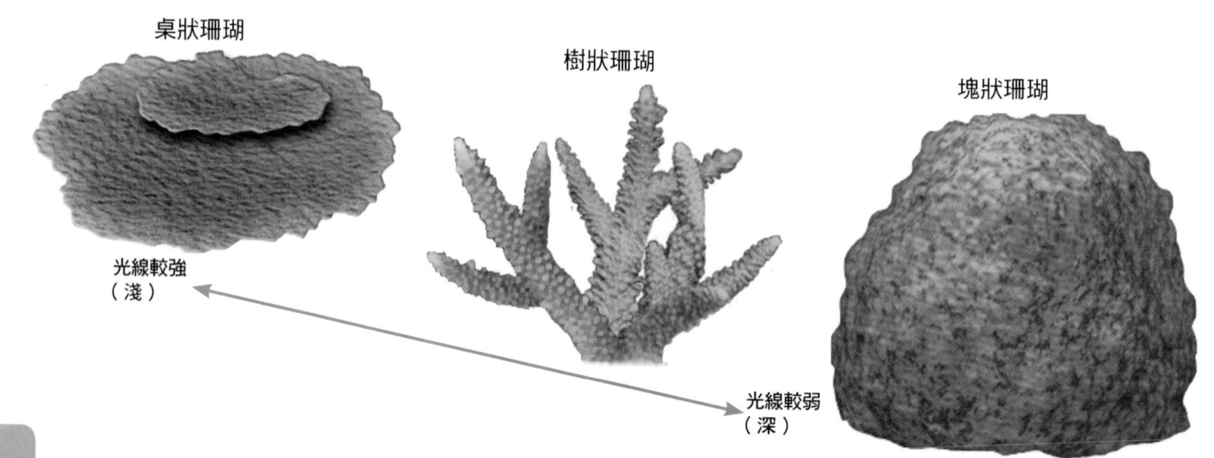

珊瑚個體及共生的蟲黃藻

珊瑚是由許多類似海葵的腔腸結構組成的群體，下半部有石灰質骨骼。這些石灰質遺骸堆積之後，會形成珊瑚礁地形。珊瑚感受到壓力時會白化。

白化的珊瑚

於沖繩縣慶良間群島的阿嘉島拍攝的珊瑚照片。樹狀珊瑚已部分呈現白色，可以看出正在發生白化現象

為了覓食與尋求產卵地點進行大規模遷徙

洄游魚會在固定的季節或時期沿著一定路線大規模遷徙。可能是在海洋中移動，或是在海洋與淡水之間移動，又或是只在淡水內移動。在海洋中移動的代表性魚類如秋刀魚、鰹魚、鯖魚、竹筴魚；在海洋與淡水之間移動的代表性魚類如鮭魚、鰻魚等；在淡水內移動的代表性洄游魚如棲息於日本琵琶湖的琵琶鱒、高身鯽等。

魚的洄游可以分成在幼魚期以後往成長發育地點移動的「索餌洄游」(feeding migration)，以及成熟後往產卵地點移動的「產卵洄游」(spawning migration)。

就以右圖所示的洄游魚為例來加以說明。鮭魚在河流中孵化後，會順流而下至海中度過大半生，之後為了產卵再度回到河流，進行所謂的「產卵洄游」。另一方面，秋刀魚及鰹魚屬於一生皆在海中度過的洄游魚，會為了尋求適合生活的水溫、食物豐富的地點、產卵地點等而洄游，隨著季節改變在高緯度與低緯度之間移動。

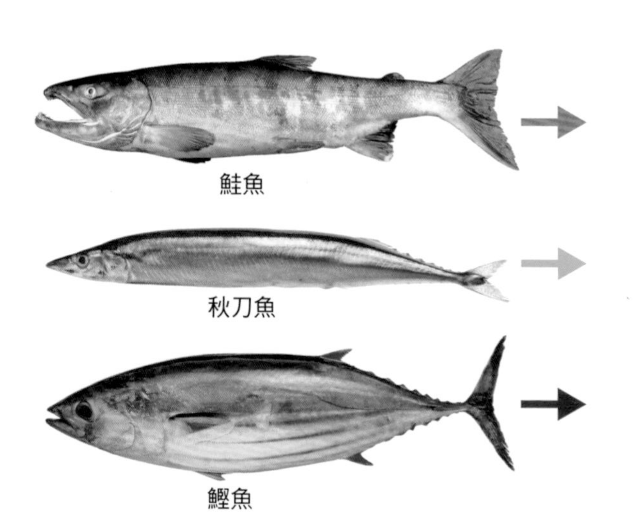

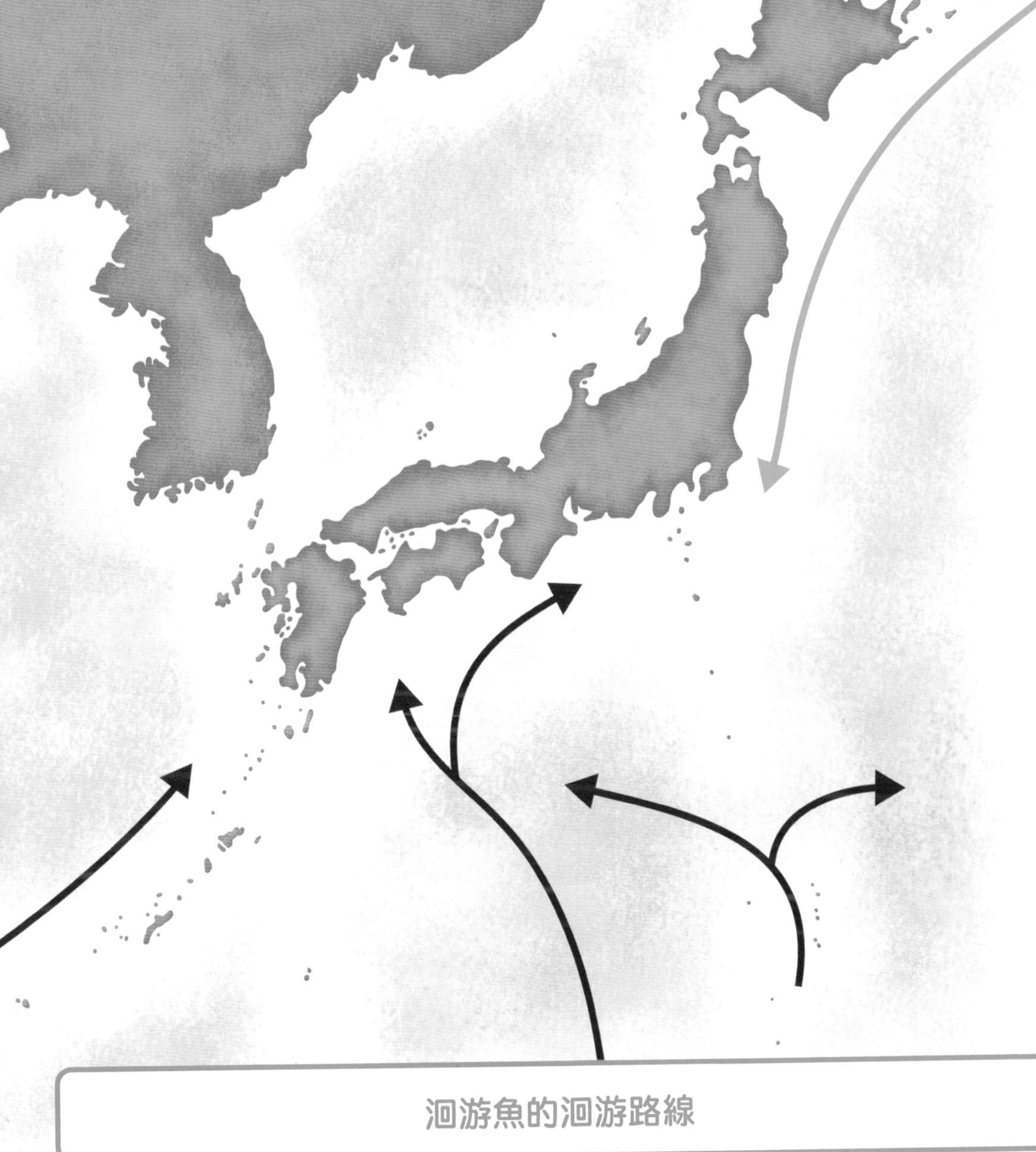

洄游魚的洄游路線

代表性的洄游魚（鮭魚、秋刀魚、鰹魚）在日本近海的洄游路線如圖所示。鮭魚在河流孵化後，會在淡水待一陣子，隨後才進入海洋。在北太平洋洄游一陣子後，返回原本出生的河流（粉色）。秋刀魚在成長的過程中，會沿著日本附近的淺海北上（未畫出路線），洄游至食物（浮游生物）豐富的水域。獲得養分長大以後，秋刀魚會再順著親潮南下（淺藍色）。鰹魚的洄游路線很多，從臺灣附近到日本近海皆能發現其蹤跡（紅色）。圖中列出了沿著黑潮洄游的路線（左）、洄游至九州、紀州外海的路線（中），以及洄游至伊豆小笠原群島的路線（右）。

3
深海
Deep sea

高水壓的黑暗世界

一般而言，會將水深大於200公尺的海洋稱作深海。

海水深度每增加10公尺，水壓就會增加1大氣壓，所以在最淺的深海水深200公尺處，水壓約為地面的21倍，即21大氣壓（相當於每平方公分承受約21公斤重的壓力）。到了水

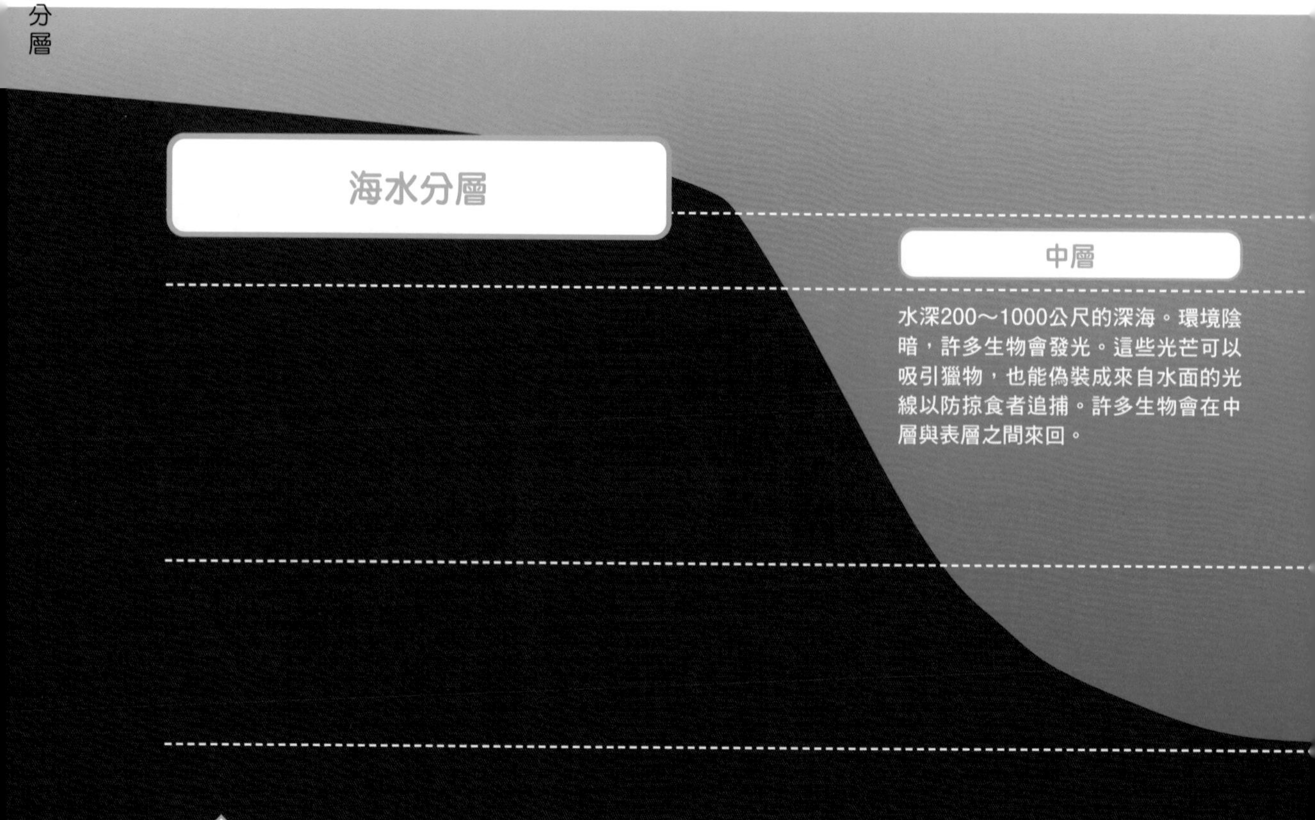

海水分層

中層

水深200～1000公尺的深海。環境陰暗，許多生物會發光。這些光芒可以吸引獵物，也能偽裝成來自水面的光線以防掠食者追捕。許多生物會在中層與表層之間來回。

專欄 COLUMN 只存在於深海的獨立生態系

在光線無法抵達的深海，以光為能量來源進行光合作用的生物無法生產食物。不過，深海的海底熱泉或斷層某些地方會湧出硫化氫、甲烷等化學物質，有些細菌或古菌可以利用這些化學物質作為能量來源生產食物，形成獨立的生態系。

深5000公尺處，約為500大氣壓（相當於每平方公分承受超過500公斤的超高壓），會讓中空的金屬氣瓶等物體直接被壓扁。

隨著水深增加，陽光也越來越難抵達。在水深超過200公尺的深海，浮游植物及海藻難以生長。由於光線難以抵達的緣故，棲息在深海的魚類通常具有能感受微弱光芒的大眼睛。

從海面到水深200公尺左右，水溫會急速下降，超過水深3000公尺後則會固定在1.5℃左右。

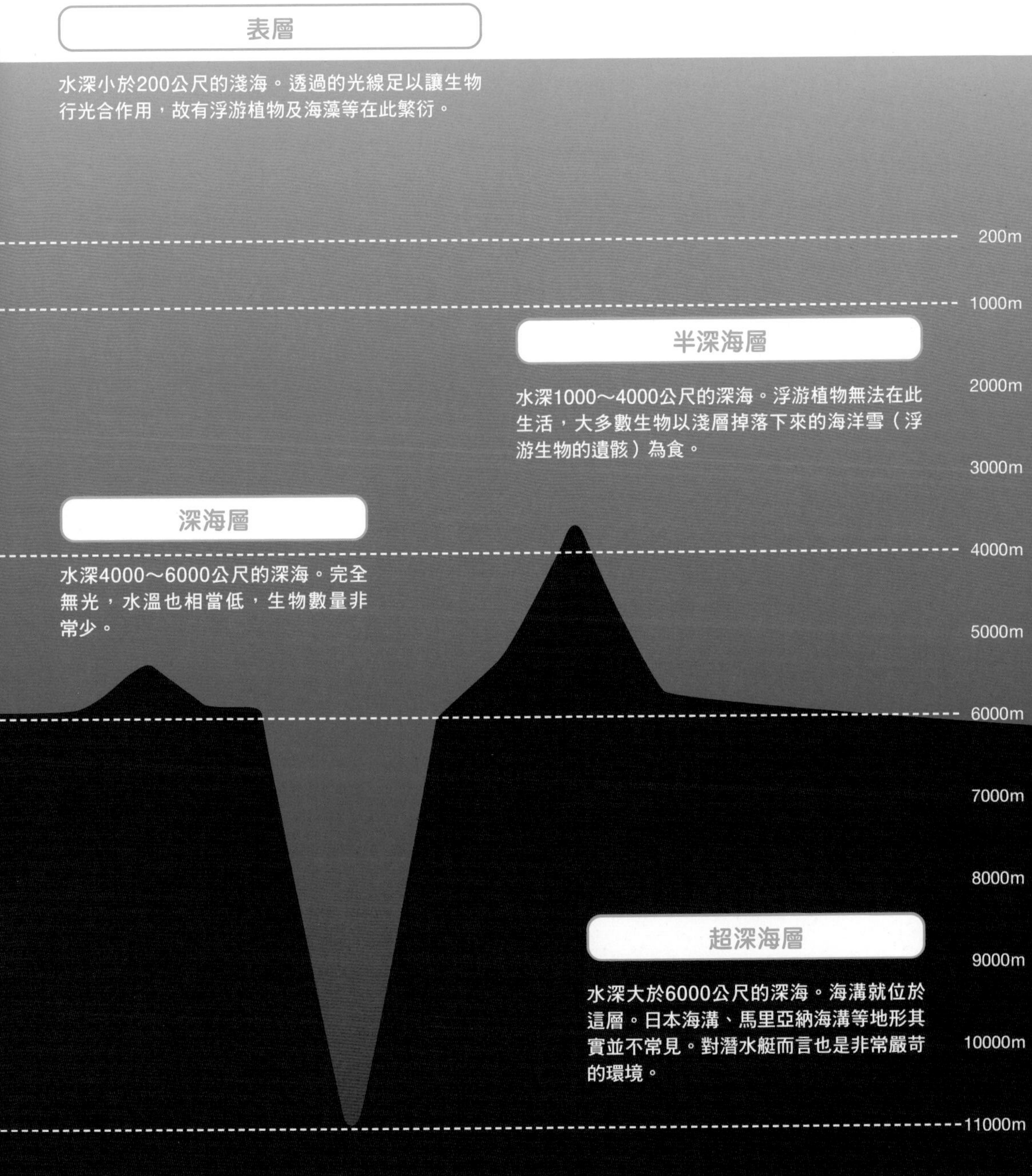

表層

水深小於200公尺的淺海。透過的光線足以讓生物行光合作用，故有浮游植物及海藻等在此繁衍。

半深海層

水深1000～4000公尺的深海。浮游植物無法在此生活，大多數生物以淺層掉落下來的海洋雪（浮游生物的遺骸）為食。

深海層

水深4000～6000公尺的深海。完全無光，水溫也相當低，生物數量非常少。

超深海層

水深大於6000公尺的深海。海溝就位於這層。日本海溝、馬里亞納海溝等地形其實並不常見。對潛水艇而言也是非常嚴苛的環境。

200m
1000m
2000m
3000m
4000m
5000m
6000m
7000m
8000m
9000m
10000m
11000m

人類自古以來就嚮往海中世界

以深海為目標的人類

調查深海的潛水球「深水圈」示意圖。

自15世紀的「大航海時代」(地理大發現)以來，人類便開始航行於世界各地的海洋。而人類的另一個目標則是海中世界。

最初提出的方案是名為「潛水鐘」(diving bell)的潛水裝置。潛水鐘是外觀形似釣鐘的容器，裡面裝有空氣，再用重物使其沉入海中，是設計簡單的裝置。16世紀左右，潛水鐘常用於調查淺海及湖泊的沉船等。此外，18世紀時也有人設計出可以讓一個人潛入水中的頭盔式潛水服。

法國的科幻作家凡爾納（Jules Verne，1828～1905）在其作品《海底兩萬里》中，有出現以鸚鵡螺號潛水艇觀察海中環境、潛水夫穿戴氣瓶潛入海中探險的場景，相當於現代的水肺潛水。當時凡爾納的想法可以說是領先了時代。

1934年，畢比（William Beebe，1877～1962）製作出潛水球名為「深水圈」（Bathysphere），在百慕達近海處成功下潛至925公尺深。這個潛水球是直徑約1.5公尺的鋼鐵製球狀結構，以纜線相連於各個船隻之間，球內的人可以透過艙窗觀察深海的樣貌。1948年，法國製造了無纜線相連的深海潛水艇「深潛器」(Bathyscaphe)。

在這之前的1929年，日本的西村一松（1884～1948）打造出了能潛至200公尺深的「西村式豆潛水艇」。1935年還製造出了能潛至300公尺深的2號艇。

1960年，深海潛水調查艇「的里雅斯特號」(Trieste)成功下潛至水深10916公尺的馬里亞納海溝。不過的里雅斯特號並沒有拍到馬里亞納海溝的照片，也沒有採集樣本。

德國漢堡的潛水鐘

19世紀的潛水鐘版畫，繪出其內部結構。浮於海面的船透過管子將空氣送入。

適應了深海環境 離奇古怪的生物群

海洋的食物鏈始於靠近海面的浮游植物、藻類，終於水深10900公尺的深海。首先，浮游植物與海藻可以透過光合作用，以二氧化碳為材料合成有機物來增殖。接著，浮游植物與以浮游植物為食的生物，其遺骸及糞便凝聚成塊、沉入深海。這些沉積物稱作「海洋雪」（marine snow）。海洋雪是許多生物的食物，儘管一路上分解使海洋雪的量越來越少，卻依然能到達深海。維繫著廣大深海中許多生命活動的物質便是由此而來。

從人類的角度看來，深海是個黑暗又高水壓的嚴苛環境。但即便是這樣的環境，也有生物生存。這些生物的外觀大多與淺海生物相去無幾。不過，為了適應深海的特殊環境，有些生物演化出了極為特殊的形態。

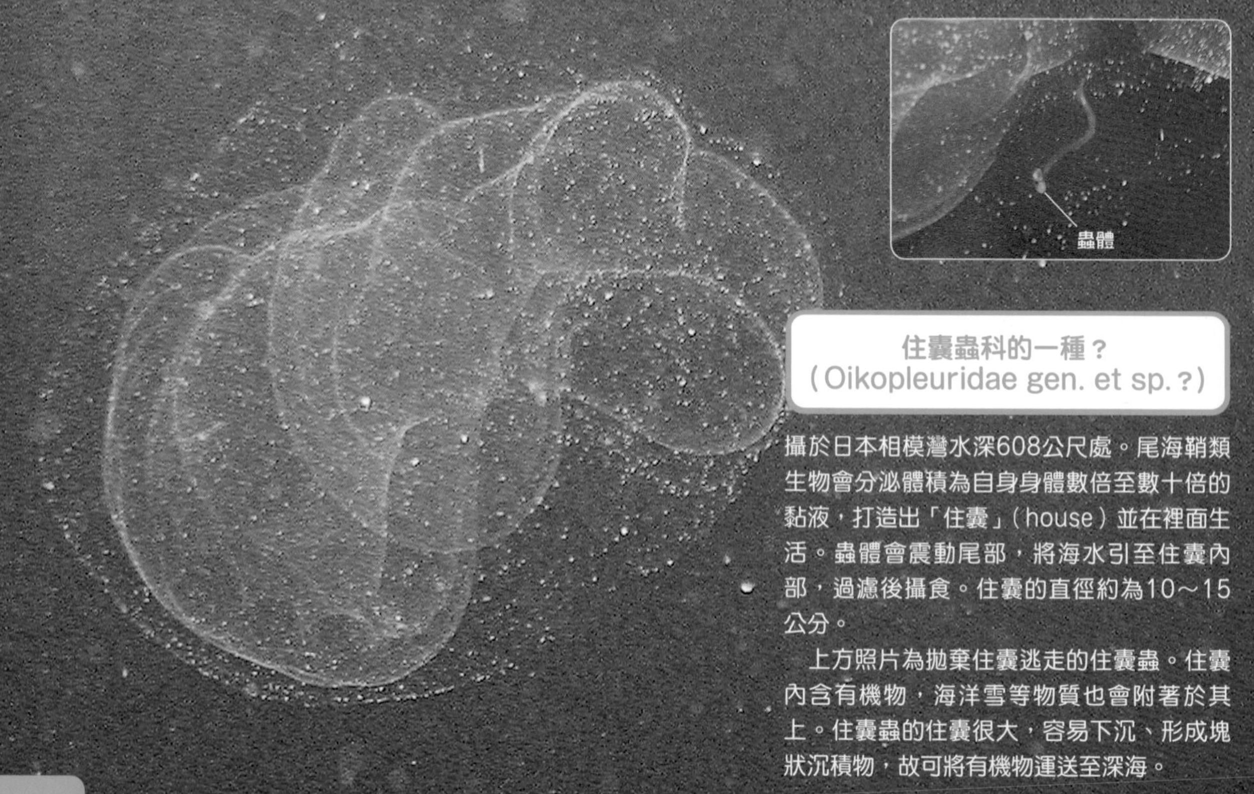

住囊蟲科的一種？
（Oikopleuridae gen. et sp.？）

攝於日本相模灣水深608公尺處。尾海鞘類生物會分泌體積為自身身體數倍至數十倍的黏液，打造出「住囊」（house）並在裡面生活。蟲體會震動尾部，將海水引至住囊內部，過濾後攝食。住囊的直徑約為10～15公分。

上方照片為拋棄住囊逃走的住囊蟲。住囊內含有機物，海洋雪等物質也會附著於其上。住囊蟲的住囊很大，容易下沉、形成塊狀沉積物，故可將有機物運送至深海。

銀鮫（*Chimaera* sp.）

攝於日本伊豆小笠原群島海域的巴榮納海丘水深737公尺處。全長約為 1 公尺。照片為雌性個體，下方拖著準備產於海底的卵殼。具有朝上的背鰭與往尾部延伸的第二背鰭。身體越接近尾端越纖細。

礁環冠水母（*Atolla wyvillei*）

攝於日本伊豆大島東方外海水深805公尺處。中央凸起的深紅色部分是胃。某些部位會發出生物光。照片中個體的傘約15公分大。

棲息於海底努力求生的生物

生活於海底的生物群稱作「底棲生物」（benthos）。僅有微量的海洋雪能夠抵達深海海底，因此深海的生物相當稀少。為了蒐集稀少的營養來源，這些生物演化出了各種戰略。

大口海鞘正如其名，會朝水流張大有如嘴巴一般的入水孔，捕捉水流中的有機物。此外，海百合也會在水流中伸展羽毛般的腕，過濾其中的有機物。

另一方面，海參則是把目標放在深海海底的泥土。泥土中有沉降的有機物與微小的生物。海參會吃下大量海底泥土，以獲取泥土中的有機物與微小生物。

深海中的生物需承受巨大的水壓。譬如水深1000公尺處約為100大氣壓，這表示每平方公分需承受超過100公斤的壓力。深海生物為了避免壓力造成身體體積劇烈變化，會透過排除體內的空氣等方法來承受巨大壓力。

馬蹄菸灰蛸（*Grimpoteuthis hippocrepium*）

照片攝於馬里亞納海溝瑟萊斯韃爾海底山。耳朵般的鰭會像鳥翼一樣拍動，使其在海底游泳時保持平衡。棲息於海底時屬於底棲生物，游泳時則歸類於游泳生物（nekton）。

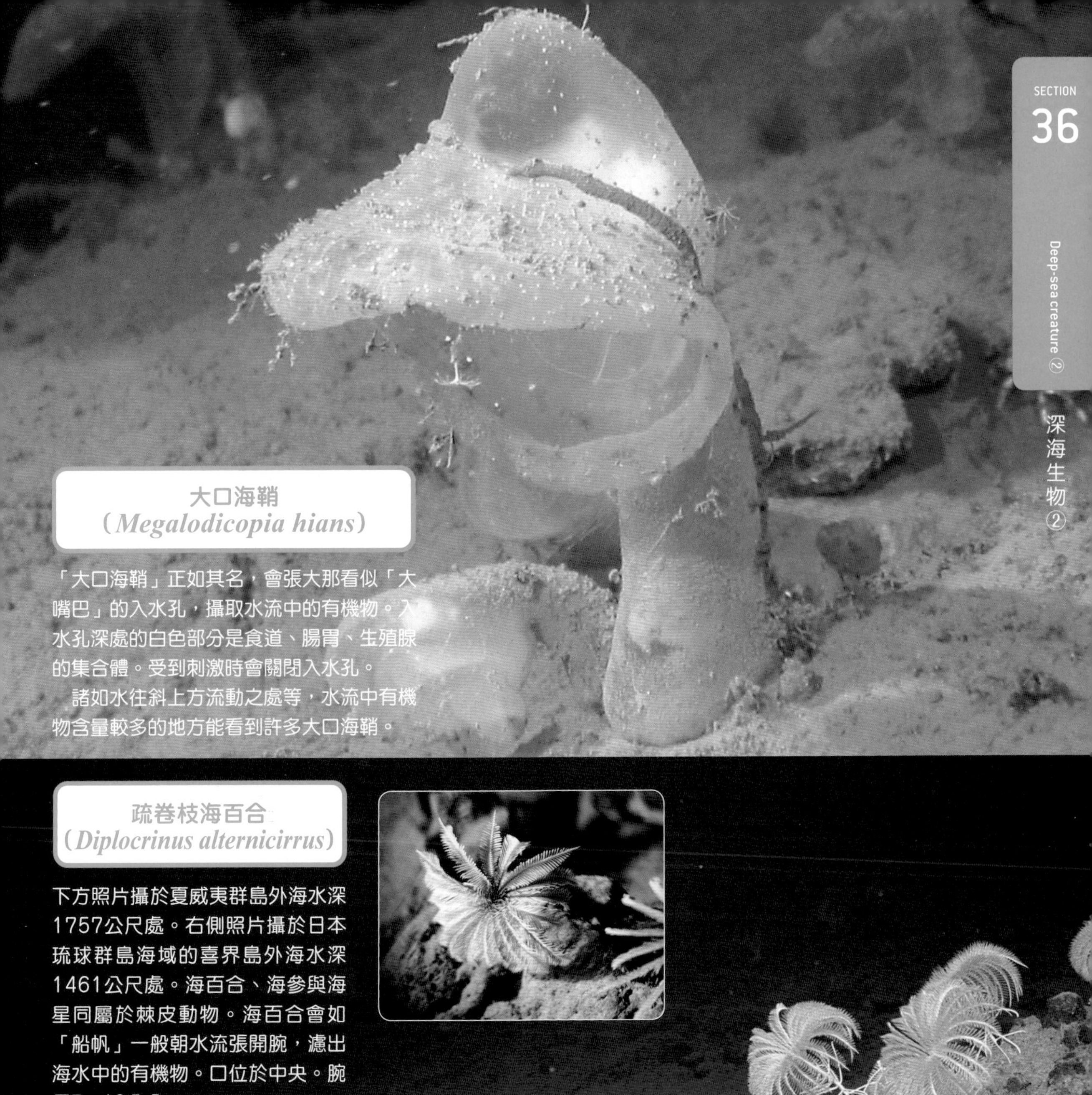

大口海鞘 (*Megalodicopia hians*)

「大口海鞘」正如其名，會張大那看似「大嘴巴」的入水孔，攝取水流中的有機物。入水孔深處的白色部分是食道、腸胃、生殖腺的集合體。受到刺激時會關閉入水孔。

諸如水往斜上方流動之處等，水流中有機物含量較多的地方能看到許多大口海鞘。

疏卷枝海百合 (*Diplocrinus alternicirrus*)

下方照片攝於夏威夷群島外海水深1757公尺處。右側照片攝於日本琉球群島海域的喜界島外海水深1461公尺處。海百合、海參與海星同屬於棘皮動物。海百合會如「船帆」一般朝水流張開腕，濾出海水中的有機物。口位於中央。腕長7～10公分。

深海的怪物 大王烏賊

大王烏賊（*Architeuthis dux*）生活在遠洋中層、半深海層，是種巨大且充滿謎團的頭足類動物。

大王烏賊全長18公尺，體重可達數百公斤，是世界最大的無脊椎動物。烏賊除了8隻腕之外，還有2隻特別長的「觸腕」。觸腕末端有個手掌般的「觸腕掌部」，上面有許多吸盤。烏賊捕捉獵物時，會先用觸腕掌部接觸獵物。與其他烏賊相比，大王烏賊最大的特徵在於觸腕特別長。就至今為止的觀察紀錄而言，大王烏賊的觸腕可達全長的3分之2。也就是說，全長18公尺的大王烏賊，觸腕可達12公尺。

此外，大王烏賊的觸腕還有其他烏賊所沒有的特徵。在觸腕掌部後方的細長觸腕內側，有許多以一定間隔成對排列的吸盤與肉瘤。大王烏賊可讓觸腕的吸盤與肉瘤緊密相連，藉此將兩個觸腕合而為一。在看似合而為一的觸腕末端，有兩個觸腕掌部如鉗子般抓取獵物。

過去發現的大王烏賊在腕、外套膜、鰭等的外形及大小上皆有很大差異，所以以前認為世界上存在15～19種大王烏賊。不過，分析粒線體DNA之後，確定全世界的大王烏賊在基因上應為同一個物種。

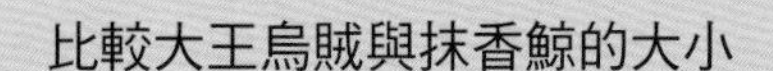
比較大王烏賊與抹香鯨的大小

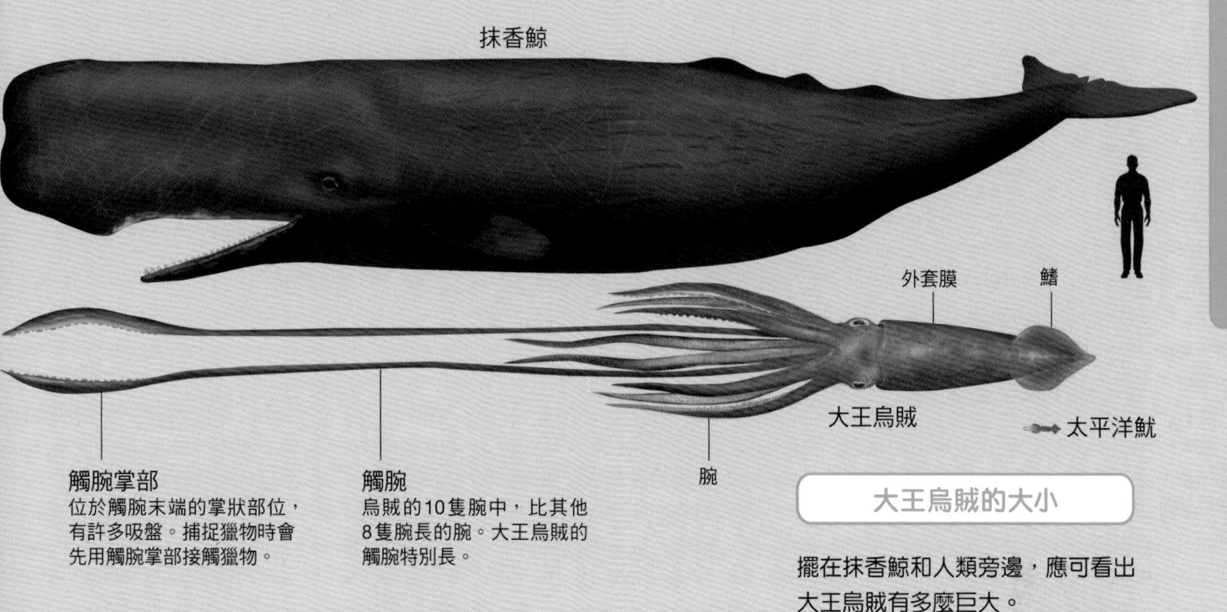

大王烏賊的大小

擺在抹香鯨和人類旁邊，應可看出大王烏賊有多麼巨大。

在深海中游泳的大王烏賊想像圖

大王烏賊全長18公尺，體重達數百公斤，是世界上最大的無脊椎動物。

散布於海底「住在綠洲的生物」

深海相當缺乏食物，生物分布也相當分散。不過，海底有些地方就像沙漠的綠洲，是生物聚集的地方，那就是「海底熱泉」(hydrothermal vent)與「冷泉」(cold seep、cold vent)。

海底熱泉分布於中洋脊等岩漿上湧及板塊（地球表面的硬板）生成處的海底火山周圍。海水滲透海底後，受岩漿加熱成熱水噴出。另一方面，在板塊隱沒處，地殼表面的沉積物會被往下拖，沉積物中的水分因此從海底擠出來，形成「冷泉」。

浮游植物與海藻可透過光合作用製造有機物，幾乎所有海洋生物都會直接或間接利用這些有機物。那麼，為什麼還有生物聚集在缺乏食物的深海呢？事實上，這些在「綠洲」生活的生物擁有獨特的能量來源。某些微生物可將海底熱泉或冷泉湧出的化學物質作為能量來源，製造有機物。因此，由「海底熱泉」與「冷泉」營造的生物群落，就稱為化學合成生態系（chemosynthetic ecosystems）。

深海海底熱泉附近的生物群集

海底熱泉會噴出熱水，形成名為「煙囪」的結構。周圍有鎧甲蝦、羽織蟲、白瓜貝等，以化學合成生物生產的有機物為食。

姊妹白瓜貝
(*Calyptogena okunanii*)

深海的白瓜貝、羽織蟲、阿爾文深水螺等生物體內有化學合成細菌共生。這些共生細菌可透過氧化熱水中的硫化氫來獲得化學能，再運用這些能量以二氧化碳為材料合成有機物，共生生物便能以這些有機物為食。照片為攝於日本相模灣初島附近水深800公尺處的姊妹白瓜貝。

深海海底的另一個綠洲

除了在海底熱泉與冷泉可以看到化學合成生物群集之外，還有個令人意外的地方也能看到上述生態，也就是鯨類的骨頭（鯨骨）。這種生物群集的名稱為「鯨落」（whale fall）。

海底熱泉的化學合成生態系會以地下湧出之熱水中的硫化氫、甲烷等作為能量來源。另一方面，鯨落的化學合成生態系中，則是以厭氧性細菌分解鯨骨內有機物時產生的硫化氫、甲烷等作為能量來源。

鯨落內的生物包括貽貝（Mytiloida）、仿刺鎧蝦（Munidopsidae）等，與海底熱泉及冷泉的生物類似，不過也有某些生物只能在鯨落附近發現其蹤跡，例如俗稱「殭屍蠕蟲」的食骨蠕蟲（*Osedax*）等。

鳥島海底山發現的鯨落特寫。照片中可以看到仿刺鎧蝦、螺類、鯨骨眉貽貝、沙蠶等生物。

專欄 COLUMN 化學合成生物群集之謎

有時候在彼此距離很遠的海底熱泉或冷泉會看到同種生物。這些生物是如何在彼此孤立的海底熱泉生態系之間擴散開來的呢？這是個很大的謎團。有人假設海底每十幾公里就有一具鯨的屍骸，且這些生物會隨著揚起的砂石擴大分布範圍，但至今無法證明是否為真。

鳥島海底山的鯨落

水深約4000公尺處。白色骰子狀的脊椎骨排成一列。這個鯨落共有22個脊椎骨，每個脊椎骨大小約15公分。全長約４公尺，可能是布氏鯨的遺骸，推測發現時早已死亡多年。照片於1993年由「深海6500」所攝。

孕育化學合成生物群集的海底熱泉

當地球表面緩慢移動的海洋板塊活動或是天然氣湧出時，從海底冒出的水就會形成海底熱泉或冷泉。冒出的水含有化學物質，能夠維持整個化學合成生物群集。此外，硫化氫是這個生態系的代表性化學物質，對一般生物來說卻是毒物。

海底熱泉分布於板塊邊界的「洋脊」（oceanic ridge，海底細長而狹窄的隆起地形）、「弧後盆地」（back arc basin，弧狀列島與背側大陸之間的凹陷地區）。1976～1977年時，美國與法國的調查隊首次發現了海底熱泉的存在。

海底熱泉噴出的熱水有各種顏色。噴出黑色熱水者稱作黑煙囪、噴出白色熱水者稱作白煙囪。不同地區的海底熱泉，熱水所含的成分也不一樣。也有人將透明熱水稱作透明煙囪。

噴出墨汁般熱水的黑煙囪

照片為噴出墨汁般漆黑熱水的黑煙囪，由無人探測器「海溝號」於水深2450公尺處攝得。熱水溫度高達360℃。原本噴出的熱水為透明無色，不過所含的大量重金屬與周圍海水反應後便成了黑色。以特殊熱水採樣器從熱水噴出孔採集到的熱水樣本幾乎呈透明無色，卻有著強烈的硫化氫臭味。

「最初的生命」是在海底熱泉誕生？

一般認為最初的生命於海中誕生。細胞的成分與海水十分相似，也應證了這種說法。再者，能溶解各種化學物質的水又是相當有利於化學反應的環境。由化學反應組合而成的生命現象，自然也少不了水。

那麼，最初的生命於海中的何處誕生呢？最有可能的地點是深海的「海底熱泉」。海底熱泉有許多利於生命誕生的條件。首先，熱水的熱能可作為化學反應的能量來源。再來，海底熱泉噴出的熱水含有豐富的甲烷與氨等。

在模擬海底熱泉環境的實驗中，研究人員成功由甲烷、氨等分子生成出胺基酸。另外，海底熱泉周圍有豐富的鐵、錳等金屬離子。這些金屬離子可作為化學反應的催化劑，在生命的誕生過程中可能也推了一把。

將胺基酸連接成蛋白質的化學反應中，需從胺基酸中拔出水分子。這種反應無法在一般的水中進行。不過實驗結果顯示，「超臨界水」中可能發生這樣的反應。超臨界水是指溫度超過374℃、壓力超過218大氣壓的高溫高壓水，既非液態也非氣態。與一般的水相比，超臨界水的性質更接近油。

由於深海的水壓很高，所以即使海底熱泉噴出的熱水大於100℃，也不會呈現氣態。事實上，已知海底熱泉的熱水溫度高達400℃。也就是說，太古時代的海底熱泉可能曾經噴出超臨界水，幫助生命誕生。

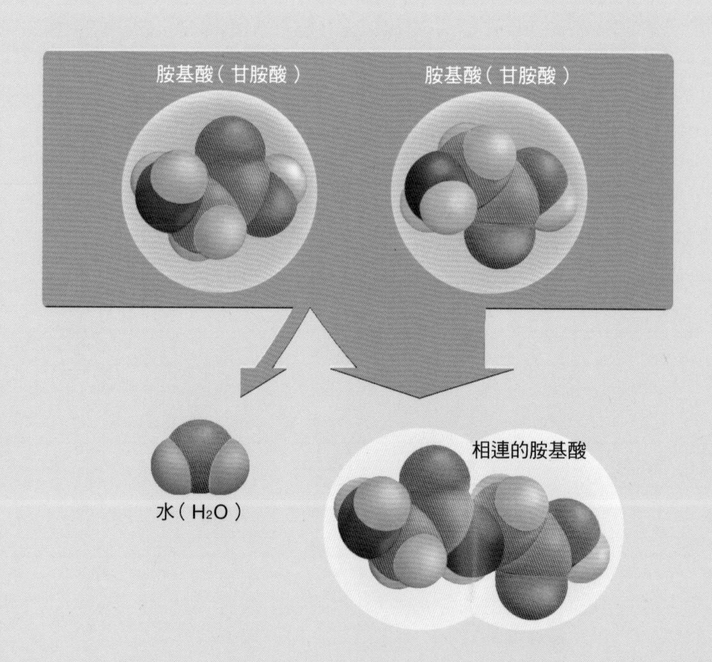

胺基酸如何相連？

蛋白質由排列成念珠狀的胺基酸連結而成。插圖所示為連接兩個胺基酸時產生的化學反應（此處以甘胺酸為例）。反應時，一個胺基酸會失去氫原子（H），另一個胺基酸則會失去氧原子與氫原子（OH）。所以當兩個胺基酸結合時，會釋出一個水分子（H_2O）。這種反應叫作「脫水縮合」。水中一般不會發生脫水縮合反應，不過若是有催化劑、或在超臨界水中等特殊條件下就有可能發生。

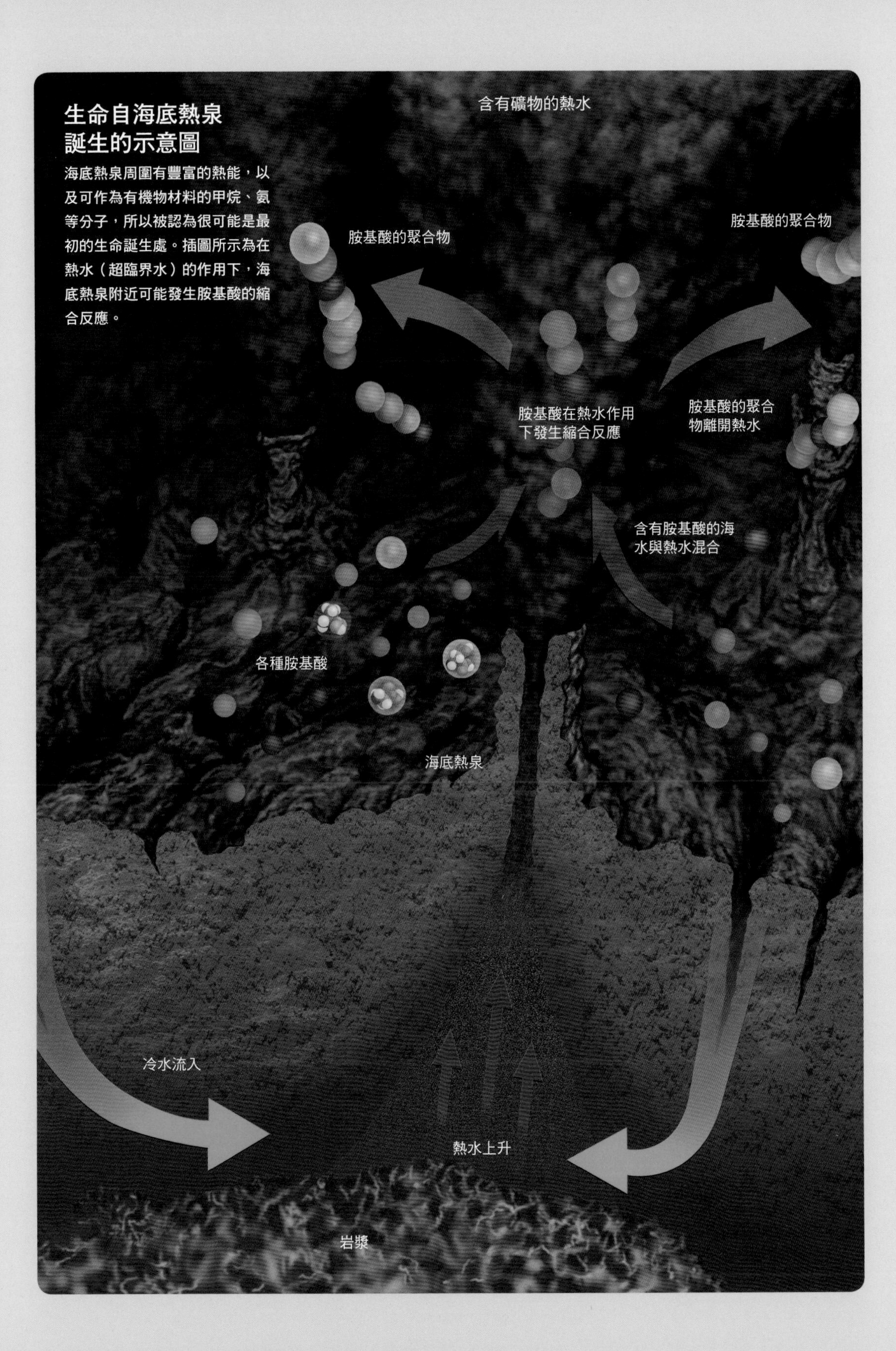

生命自海底熱泉誕生的示意圖

海底熱泉周圍有豐富的熱能，以及可作為有機物材料的甲烷、氨等分子，所以被認為很可能是最初的生命誕生處。插圖所示為在熱水（超臨界水）的作用下，海底熱泉附近可能發生胺基酸的縮合反應。

載人潛水研究船「深海6500」

日本載人潛水研究船「深海6500」正如其名，可以安全下潛至水深6500公尺處，故可探測全世界98%以上的海域。在現役載人潛水研究船中，深海6500的性能可以說是相當優異。自1989年完成以來，深海6500已在世界各地潛航1600次以上，獲得了豐富的成果。

為了承受高水壓，深海6500做了許多相應措施。最重要的耐壓殼（人員乘坐的地方）使用堅硬而輕巧、不易鏽蝕的鈦合金製作。耐壓殼盡可能地做成了接近正圓球狀，因為一旦受到嚴重扭曲，導致耐壓殼的不同位置承受不同大小的力量，恐使其容易毀損。深海6500的耐壓殼內徑約２公尺，不管從哪個角度測量，誤差皆在0.5毫米以內，這是製造耐壓殼時要求的標準。

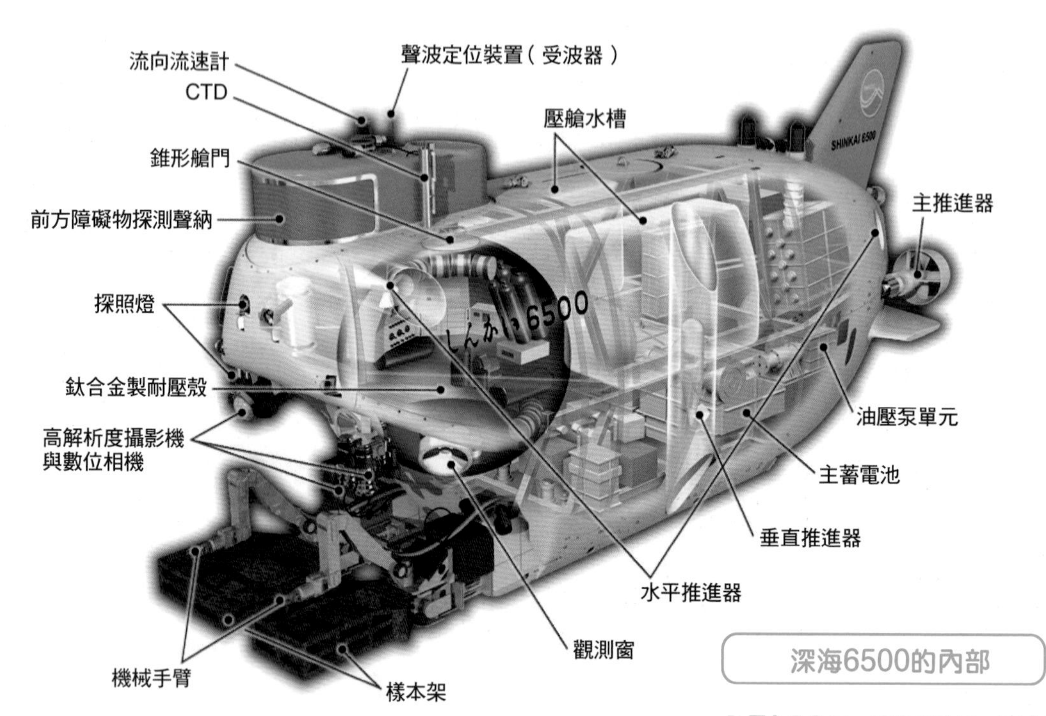

深海6500的內部

全長9.7公尺、寬2.8公尺、高4.1公尺。空中重量約26.7噸。潛航時間約８小時。能以分速約40公尺上升、下降。

潛水中的深海6500

載人潛水研究船深海6500在1989年完成以後，仍持續改進。2012年3月螺旋槳與馬達經過改良以後，性能大幅提升。

世界頂級的
無人探測器「海溝號」

日本1萬公尺級的無人探測器「海溝號」由發射器與載具構成，成功潛航至馬里亞納海溝的世界最深處（1995年），還發現了印度洋第一個海底熱泉（2000年），獲得了諸多輝煌研究成果。2003年5月，在四國外海約130公里處的海域回收南海地震長期觀測資料時，發生了連結發射器與載具的二級纜線斷裂事故，載具就此遺失。

之後在2004年，研究人員將7000公尺級的細徑光纖式無人探測器「UROV7K」改造成「海溝號7000」。並於2006年進行機械大型化、增設機械手臂、增加推進力等改造，成為「海溝號7000 II」。目前使用的是第四代的「海溝號Mk-IV」，配備經過改造的載具（Mk-IV）。

第二代以後的海溝號載具最多只能潛航至7000公尺深，比不上能抵達1萬公尺深的第一代無人探測器海溝號。話雖如此，7000公尺的潛航深度仍是現今世界頂級水準。用於前往海底地形複雜而危險的深海區，以及其他載人潛水研究船難以前往的地點進行調查工作。

＊2022年2月，海溝號的母船「海嶺號」因老舊腐朽而退役。未來海溝號的載具部分將由其他母船搭載使用。

海溝號MK-IV

海溝號由發射器與載具這兩個機體構成。支援母船海嶺號與發射器之間，以及發射器與載具之間，皆有光電複合纜線連接。載具的全長為3公尺，最大潛航深度為7000公尺，備有兩台一般攝影機、兩台高解析度攝影機、一台數位相機。發射器（全長5.2公尺）的最大潛航深度為11000公尺，備有側掃聲納等。

かいこう
KAIKO
MSTEC
KAIKO Mk-IV

讓探測器能承受驚人水壓的科技

1995年開發的無人探測器「海溝號」在當年成功潛航至全球海洋的最深處。接下來就要介紹這個1萬公尺級時代的海溝號運用了哪些科技。

遠端操縱式的海溝號由名為「發射器」（launcher）的水中發射台，與名為「載具」（vehicle）的水中航行機械構成。支援用母船「海嶺號」可透過水中纜線提供電力，並透過纜線中的光纖纜線傳遞資訊與控制機械。載具上配備了推進裝置、機械手臂、遠端監視用的聲納、觀察用攝影機等。

在海洋中每下潛10公尺，水壓就上升1大氣壓。所以水深1萬公尺處的壓力可達1000大氣壓，相當於每平方公分承受1噸重的力，這好比把1噸重的卡車放在指甲上般沉重。海溝號的每個部分都經過特殊設計，才得以承受如此驚人的水壓。

構成骨架的外框部分幾乎都是由又輕又堅固的鈦及鈦合金製成。至於裝設在載具上的浮力材料，則是用環氧樹脂（1個分子中有2個以上「環氧基」可參與反應的樹脂狀物質總稱）固定住50微米空心玻璃微珠所製成的耐高壓材料。

海溝號的運作

海溝號採用了由發射器與載具構成的發射器結構。發射器長約2公尺、寬約6公尺、高約2公尺。載具長度約3.1公尺、寬約2公尺、高約2.3公尺。兩者總重量（空中重量）約5.3噸。圖為發射器與載具結合時的模樣。

1995年，海溝號抵達馬里亞納海溝的挑戰者深淵，水深為10911.4公尺。在這片黑暗的海底，每平方公分的面積需承受1噸以上的壓力。1960年時，美國的載人潛水艇的里雅斯特號曾經潛入挑戰者深淵，卻無法拍攝照片或採集樣本。隨著海溝號登場，才得以蒐集全部海洋的資料。另外，圖中海溝號側面的「海洋科學技術中心」為日本海洋研究開發機構當時的名稱。

各種活躍的無人探測器

「浦島號」是日本海洋研究機構從1998年起持續開發的自主式無人深海探測器。

目前浦島號的任務包括解析當前全球暖化及氣候變動的狀況，以及海底資源的探測等。浦島號獲得的新技術也會應用於新開發的自主式無人探測器。

深海拖曳調查系統「深拖」

「深拖」（Deep Tow）是一套讓母船以纜線連接裝有攝影機或聲納的拖曳物體，再以低速拖曳巡航來進行海底探測的系統。「深拖」系統目前有三種，適用水深最多為6000公尺。在潛水船等裝置進行潛航調查之前，會使用這種系統進行事前調查等。

搭載了超高感度高解析度攝影機的探測器

由日本海洋研究開發機構擁有、運用的無人探測器「超級海豚」（Hyper-Dolphin），是在1999年時於加拿大製造。一開始最大潛航深度為3000公尺，不過經過2010年的改造後，如今可以潛至4500公尺深。

「超級海豚」搭載了超高感度的高解析度攝影機，可以藉由目視方式調查深海、拍攝深海生物，連數公分大的小生物都可以拍得一清二楚。探測器上有兩具機械手臂可以採集樣本。

2005年時，「超級海豚」前往印尼蘇門答臘島外海進行緊急調查，在震源區域的海底發現了懸崖崩落與地層滑動的痕跡，是史上第一個觀測到這種現象的紀錄。同年，又前往馬里亞納海底火山，成功拍攝到海底火山的噴發影像，獲得了許多調查成果。

深海巡航探測器「浦島號」

全長約10公尺，重量約8噸（搭載鋰電池時）。最大潛航深度為3500公尺。搭載了側掃聲納等觀測機器。

深拖

超級海豚
HYPER-D
PHIN

COLUMN

名留青史的載人研究潛水船

對深海進行科學性調查時，並不是單純地潛入深海而已，還要具備在海底大範圍調查的能力。這種現代深海載人研究潛水船的先驅，是1964年美國伍茲霍爾海洋研究所（Woods Hole Oceangraphic Institution）建造的「阿爾文號」（Alvin）。

阿爾文號是一艘可乘載三人的載人研究潛水船，有兩具機械手臂採集樣本。建造完成時，最深可潛航至水深2400公尺處。1973年經過改造之後，可進一步潛至4500公尺處。後來又經過多次改造。

阿爾文號進行了多次潛航，發現許多海底熱泉

調查海底熱泉的阿爾文號

正面的船窗有觀測用攝影機，可依照觀測者的指示拍攝照片、採集岩石。阿爾文號為美國海軍所有，使用者為伍茲霍爾海洋研究所。圖為1987年時的阿爾文號。

與新的物種。阿爾文螺（*Alviniconcha hessleri*）就是以阿爾文號命名。1986年在大西洋發現鐵達尼號的研究潛水船也是阿爾文號。

可以在全球97%的海洋潛航的「鸚鵡螺號」

1980年代，6000公尺級載人研究潛水船的開發競爭相當激烈。只要有6000公尺級的研究潛水船，就可以潛入全球97%的海洋。

參加這場競爭的團隊包括日本、美國、法國、蘇聯（俄羅斯）。最終是由法國海洋開發研究院（IFREMER）於1984年開發的「鸚鵡螺號」（Nautile）拔得頭籌。

鸚鵡螺號可乘載科學家、駕駛、副駕駛共三人，有兩具機械手臂採集樣本，可潛入6000公尺深的深海。

在鸚鵡螺號建造完成的隔年1985年，日本與法國在日本海溝進行共同調查計畫「KAIKO計畫」，在日本周邊深海的3000～6000公尺處進行潛航調查。鸚鵡螺號在日本周邊潛航了27次，取得日本海溝周圍、南海海槽等地的斷層活動詳細資訊，也發現以含有甲烷等物質的冷泉為能量來源的化學合成生物群集等，成果豐碩。

調查深海海底的鸚鵡螺號

鸚鵡螺號可乘載科學家、駕駛、副駕駛共三人。進行觀測時，科學家與駕駛需趴在地上，副駕駛則坐著，分別從船窗觀察外界情況。

採集海底下7000公尺 人類不曾碰觸的地函

深海鑽探船「地球號」擁有世界數一數二的鑽探能力，日本歸類為「地球深部探查船」。可在水深2500公尺深海區域運作，鑽探至海底下7000公尺處。其巨大的船體全長210公尺，總噸位為56752噸。

鑽掘南海海槽 探索地震之謎

地球號於2005年7月竣工。2006年起在日本下北半島東方外海進行測試鑽探工作，後來在肯亞外海、澳洲外海的水深500～2200公尺處，進行海底下2200～3700公尺的鑽探工作。2007年起參與「南海海槽孕震帶鑽探計畫」。

日本南海海槽的太平洋側為菲律賓海板塊，陸地側為歐亞板塊。至今以來，在南海海槽周圍會發生週期性的巨大地震。鑽探海底下深度5000公尺以內的孕震帶樣本（板塊交界面），實際研究其結構，或許有助於瞭解大地震的發生機制。

再者，也有助於分析2011年東日本大地震中，巨大地震與海嘯的發生機制。

地球號的終極目標是鑽探海底下6000～7000公尺附近的地函。因為海洋底下的地殼比大陸底下的地殼薄，所以從海底往下鑽探比較有可能取得人類不曾接觸過的地函。目前為止，我們只能從地函變質後露出地表的岩石（蛇紋岩、橄欖岩等）來推測地函的性質。若能直接採集到海底至地函的連續樣本，或許就能進一步瞭解板塊運動的原動力。

深海鑽探船「地球號」

地球號除了鑽探系統之外，還有四層樓的實驗室建築、直升機停機坪、居住區域等，最大乘員數為200人。船上設施可以讓所有人員在長期航程中過上數個月的舒適生活。

對於漂浮在海面的鑽探船而言，進行深海鑽探時需保持自身在海上的固定位置，所以需要仰賴GPS（全球定位系統）衛星定位，以及設置於海底、收發聲波的應答器（transponder）聲納定位。透過這些系統得到的位置資訊，自動控制設置於船底、能360度轉動的螺旋槳，讓船隻固定在正確位置上。

JAMSTEC

探究地球與生命之謎的國際研究計畫

「綜合大洋鑽探計畫」(IODP)以「地球號」為首，使用日本、美國、歐洲的鑽探船，目的是瞭解氣候變動、板塊運動機制、火山活動、地震、地下生物圈及生命起源等問題，以及全球系統性變動的實際情況，是世界級大型研究計畫。

除了前節介紹的透過鑽探南海海槽以研究地震之外，「探究生命」也是其中一大任務。

瞭解生命的起源

研究指出，地下的沉積物及地

IODP的主要研究主題

2013年啟動的IODP繼承了始自1968年深海鑽探計畫（DSDP）的海底鑽探計畫。IODP鑽探世界各地的海底並取得相關地質資料（鑽探樣本），進一步進行分析等，以探究地球與生命之謎。

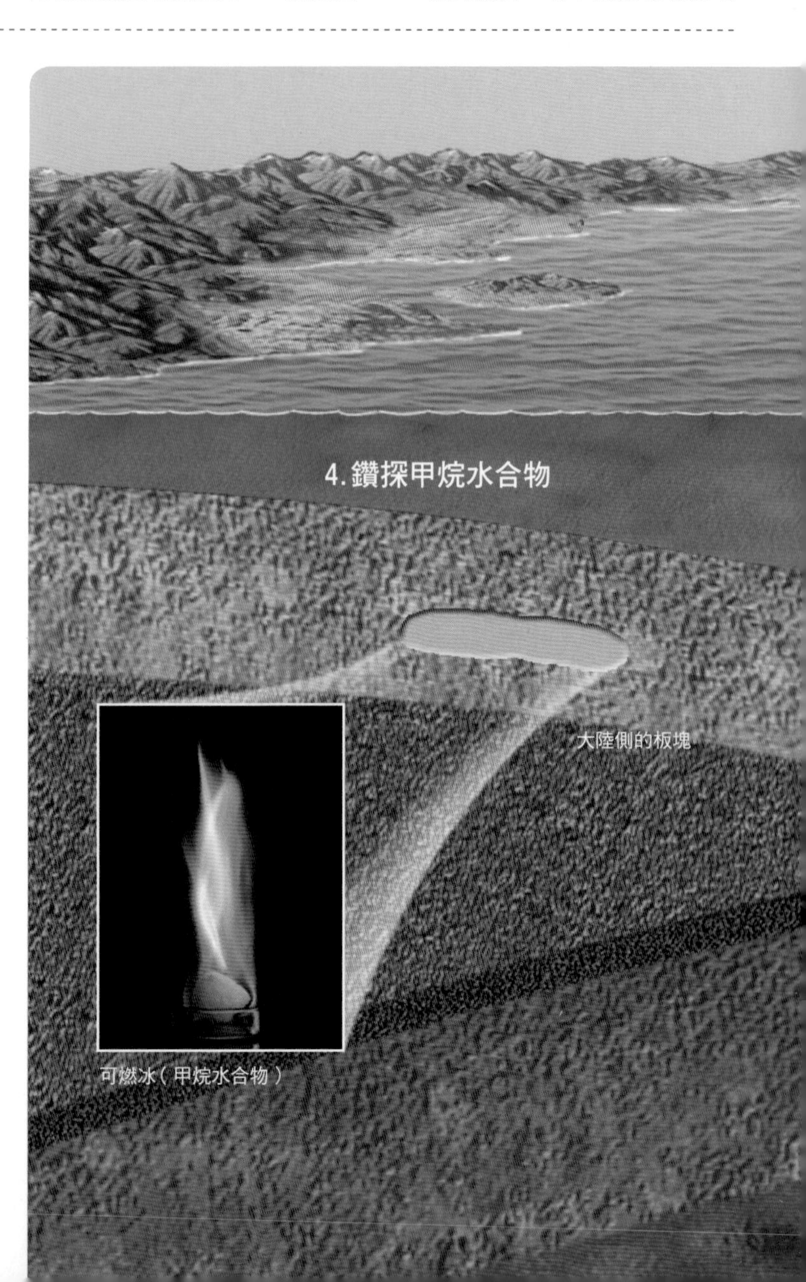

可燃冰（甲烷水合物）

殼內存在各式各樣的微生物。

地下越靠近地函則溫度越高。微生物可生存的極限溫度約為120℃，故推測地下5000公尺內的範圍皆為微生物可生存的環境。計算結果顯示，地下的生物量十分龐大，可能比地上所有海洋生物量還要多。

這些地下生物圈的微生物多保有古老的代謝系統。研究地下微生物不僅能探究約38億年前的生命起源，或許也有助於瞭解地球外的生命。這些微生物在生物科技上的應用，還能為醫療、環境領域開闢新道路也說不定。

甲烷水合物的鑽探

在深海海底的低溫高壓條件下，甲烷等可燃性氣體分子會被水分子包圍，形成「甲烷水合物」（methane hydrate），也叫作「可燃冰」，是一種能在固態下直接燃燒的刨冰狀物質。

已知甲烷水合物廣泛分布於日本周圍的海底，或許能作為新的能源來源。估計全球海底蘊藏著十分龐大的甲烷水合物，足以影響地球整體的碳循環，在探究環境變動原因方面也至關重要。2013年3月，JOGMEC（日本能源與金屬礦物資源組織）透過地球號在南海海槽東部水深1000公尺處，鑽探至海底下300公尺左右，並在實驗中成功以鑽探獲得的甲烷水合物製造出天然氣。

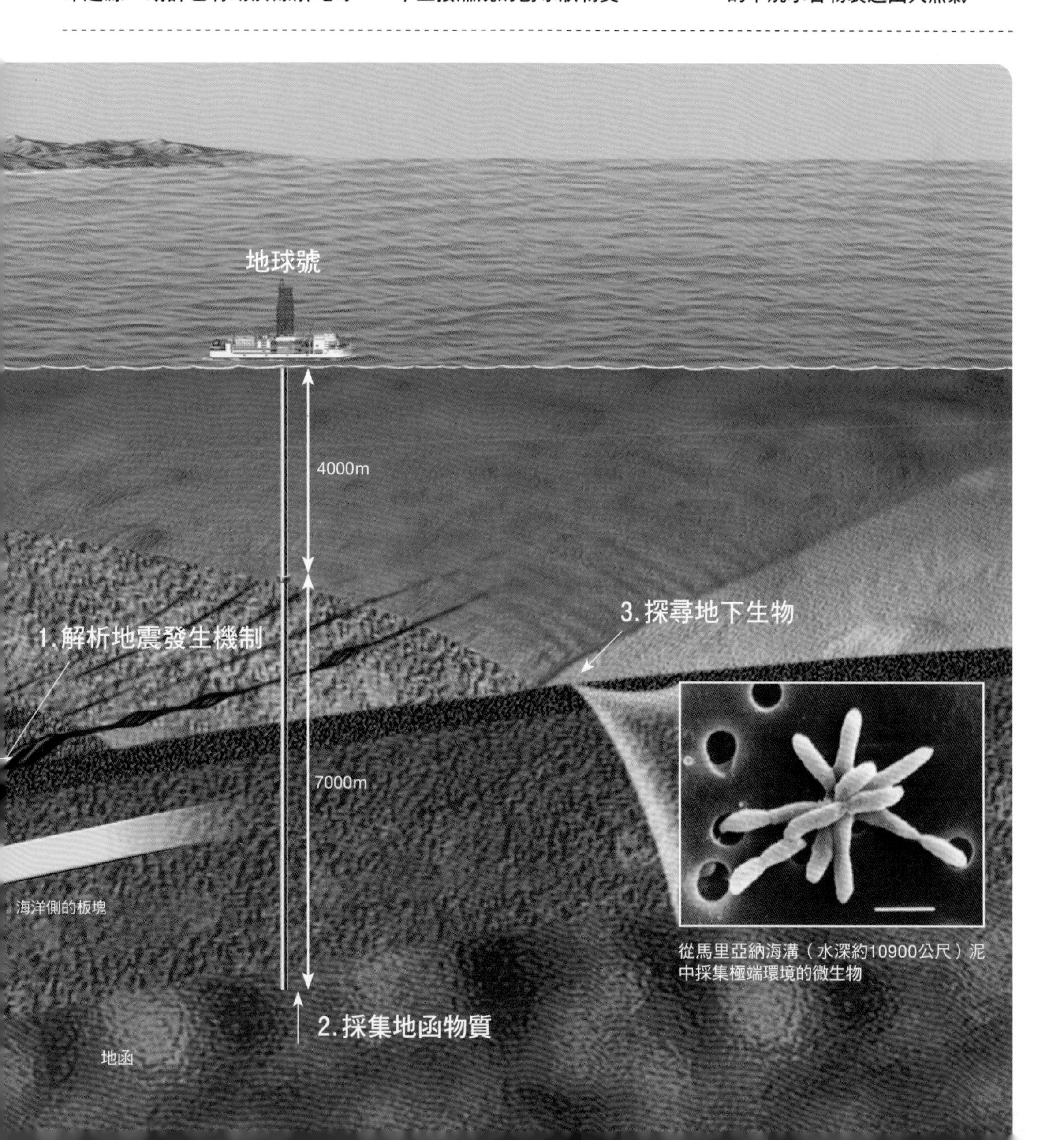

從馬里亞納海溝（水深約10900公尺）泥中採集極端環境的微生物

因密度不同而分層的海水

淺海的海水在陽光與大氣等的加熱下，水溫會變高。另一方面，海洋深處幾乎不會受到陽光與大氣的影響，故水溫較低。一般而言，水溫隨著海洋變深會連續性地降低，但有些地方的海水溫度更會在深度漸增時急遽降低，稱作「溫躍層」（thermocline，又稱斜溫層）。

溫躍層大致上可以分成兩種：一種大多出現於易受陽光影響的夏季，位於水深低於100公尺的淺海，稱作季節溫躍層（seasonal thermocline）；另一種出現於水深較深處，全年皆存在，稱作主溫躍層（main thermocline）。主溫躍層在赤道附近介於50～200公尺深，在日本近海附近的中緯度地區則介於500～1000公尺深。

不同溫度的海水之所以不會混在一起，是因為密度有所差異。

一般而言，水的溫度越低密度就越大，也就越重。在溫躍層附近的海水密度亦會急遽增加。隨著深度增加，海水密度急遽增加的地方稱作「密度躍層」（pycnocline），而溫躍層與密度躍層的位置通常一致。受溫躍層或密度躍層包夾的地方，海水會因為密度差異過大而無法流動，難以混合在一起。

日本附近的夏季海水溫度

在水深50公尺附近，存在水溫比表層低10℃左右的季節溫躍層。不過冬季時就幾乎看不到這個季節溫躍層了。另一方面，在水深500～1000公尺附近，有個幾乎不會受到季節影響的主溫躍層。

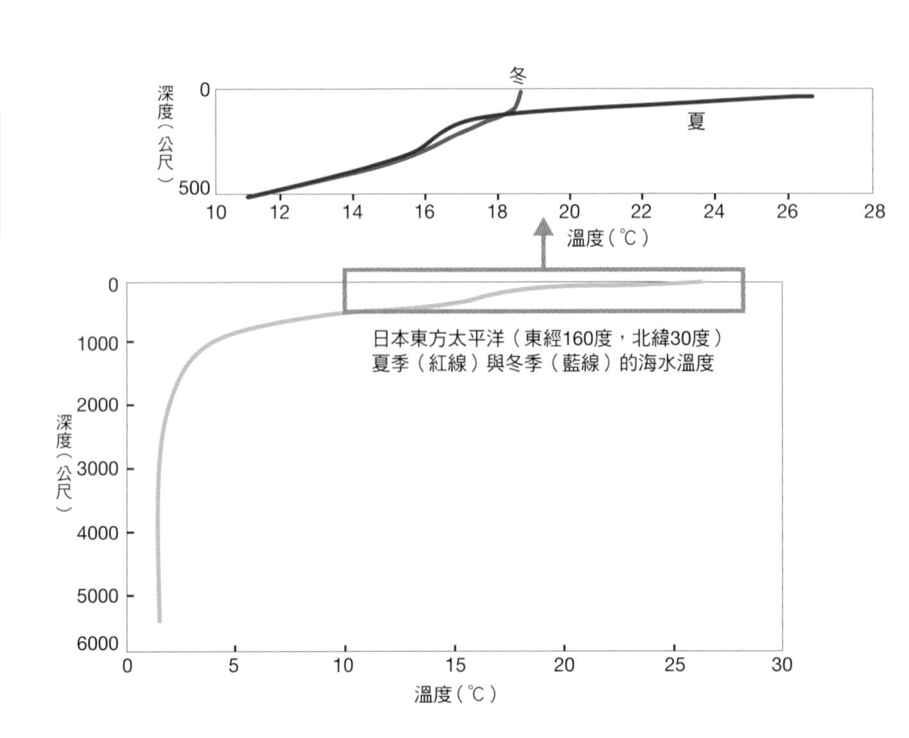

日本東方太平洋（東經160度，北緯30度）
夏季（紅線）與冬季（藍線）的海水溫度

專欄 COLUMN 河口附近的鹽度密度躍層

除了溫躍層之外，也會形成密度不同的液體難以混合的密度躍層。

相較於含鹽分的海水，淡水的密度較小且輕。因此在河流淡水流入海洋的河口附近、靠近海洋的湖泊等處，較輕淡水與較重海水之間會形成密度劇烈變化的密度躍層（鹽度密度躍層）。在這些地方，密度躍層下方是較重的海水，上方是較輕的淡水。

海水與淡水之間的鹽度密度躍層

西班牙卡迪斯灣的鹽度密度躍層。海水與淡水的光線折射角度不同，形成肉眼可見的交界。

海水的氧氣量因地而異

海水可以溶解氧氣，溶於海水中的氧氣量稱作溶氧量（dissolved oxygen）。海水溫度越低的地方溶氧量越高，故溶氧量並非均勻分布，通常海水溫較低的寒帶地區溶氧量會比海水溫較高的熱帶地區還要高。

此外，溶氧量也和水深有關。在光無法抵達的深海，幾乎沒有能行光合作用的生物存在，所以無法製造氧氣，但細菌等生物分解從海洋表層下落的生物屍骸時會消耗氧氣。因此，在不透光的水深600～1000公尺附近氧氣非常少，除了微生物以外的生物也相當稀少。這個區域稱作最小含氧層（oxygen minimum layer）。

溶氧量的垂直分布

副極地區域的最小含氧層分布於水深600～1000公尺處。另一方面，水深大於1000公尺的地方，高緯度地區海面表層的寒冷海水會下沉流入，故隨著深度越深溶氧量也會緩慢上升。

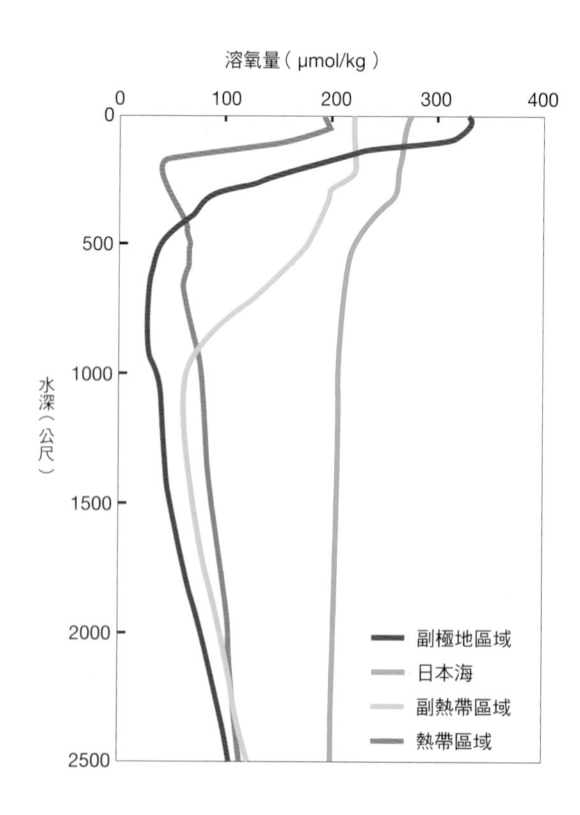

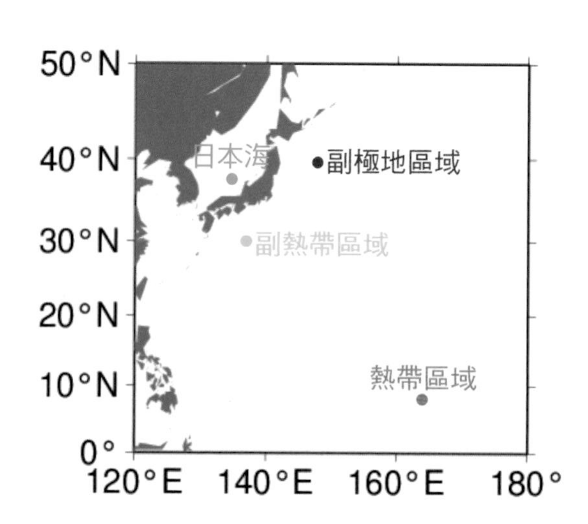

（出處：日本氣象廳）

1960～2010年間每十年的海洋溶氧量變化

上圖為水深1200公尺以內、下圖為水深1200公尺至海底，每十年的海洋溶氧量變化量（單位為微莫耳／公斤／10年）。（IPCC，2019）

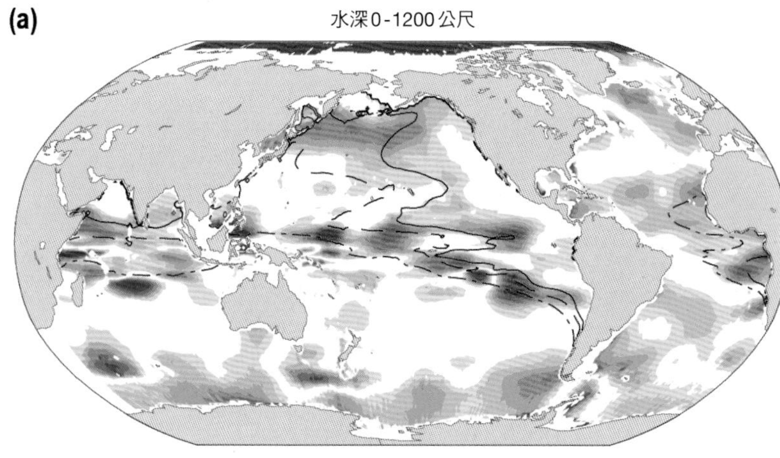

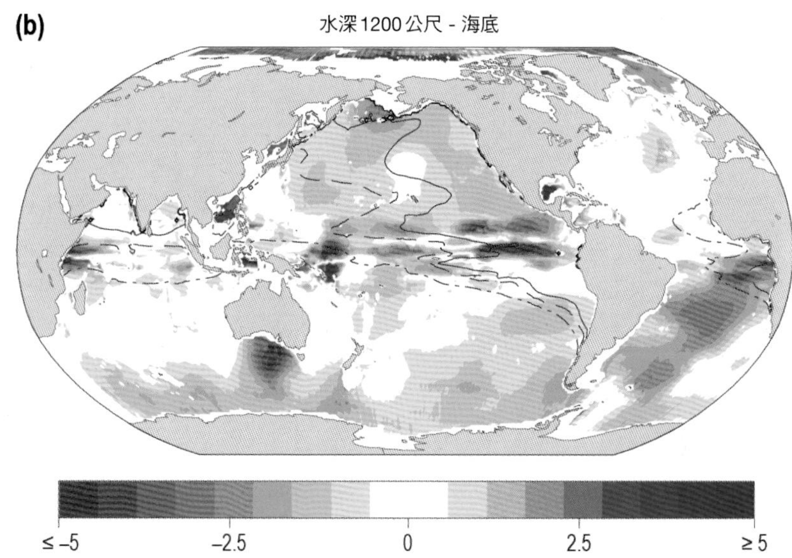

進行中的脫氧作用

整體來看，海洋的溶氧量正在逐年減少，而這個過程稱作脫氧作用（deoxygenation）。從1960年到2010年的50年間，整體海洋的溶氧量約減少了2%。海洋脫氧作用與全球暖化造成的海水溫度上升有所關聯。

專欄 COLUMN 人類造成的海洋脫氧作用

在人類密集的地區沿岸，含有大量有機物的農業廢水、生活廢水等會從河流排放至海洋，造成以這些有機物為食的浮游植物大量增生。細菌等分解這些浮游植物的屍骸時會消耗大量氧氣。近年來，這些人類活動造成的脫氧作用已經威脅到大部分生物的生存，引發很大的問題。

海中降下的雪 維繫著許多生命

生物之間的「捕食與被捕食」的攝食關係稱作食物鏈（food chain）。海洋擁有與陸地截然不同的獨立食物鏈。在海洋食物鏈中，有一種物質扮演著十分重要的角色，也就是「海洋雪」。海洋雪在海中飄盪的模樣宛如白色雪花，因而得名。

海洋雪由海洋表層附近的浮游生物屍骸、糞便等固態物質組成，這些物質隨著時間經過會逐漸飄落至海底。在生物數量極少的深海，海洋雪是相當重要的營養來源，維繫著深海食物鏈中眾多生物的生命。

貯存二氧化碳的海洋雪

已知大氣中的二氧化碳為全球暖化的原因。水中的浮游植物可行光合作用，每年吸收約500億噸的二氧化碳，其中有大約22% — 相當於110萬噸的二氧化碳 — 會以有機物（含碳物質）的形式化為海洋雪。換言之，海洋雪可以將二氧化碳（碳）貯存在內部，防止大氣中的二氧化碳增加太快。

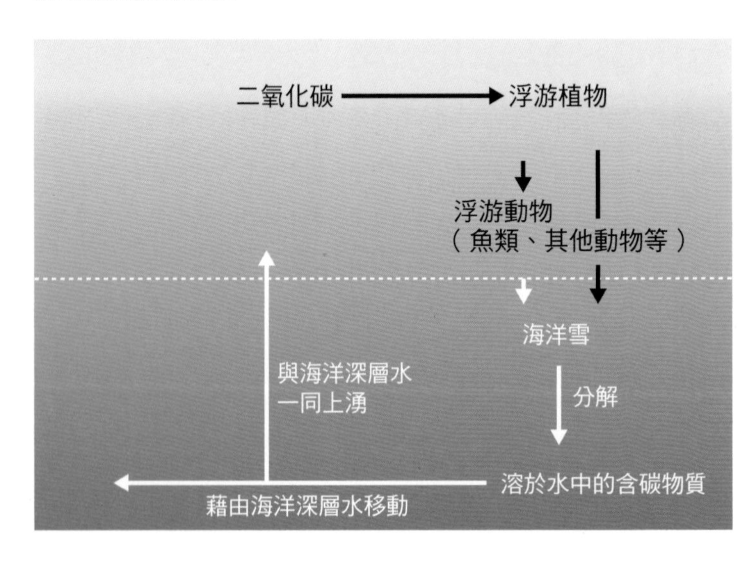

海洋雪

全球的海洋皆能看到海洋雪，較大者直徑可達10公分以上。1952年，北海道大學學者首次觀察到海洋雪，並為其命名。多數海洋雪會在沉澱過程中分解或被生物吃掉，只有約1%的海洋雪抵達水深1000公尺處，約0.1%抵達海底。

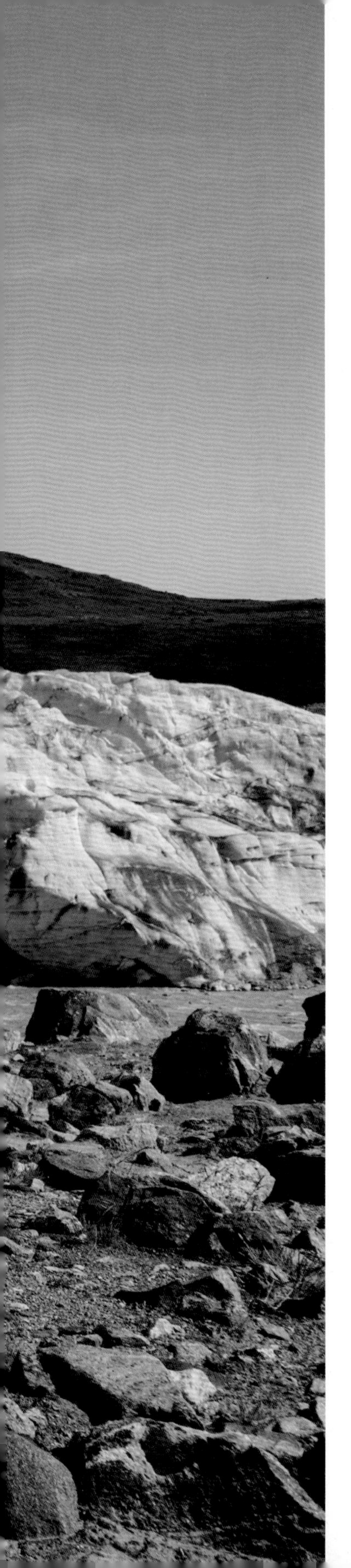

4

海洋與全球氣候

The ocean and global climate

從海洋到大氣、陸地 龐大無比的水循環

地球表面有七成是海洋。海洋的平均深度為3.7公里，海洋中的水量高達13.5億立方公里，占了地球水量的97.4%。

擁有絕大多數水量的海洋會有大量水蒸氣蒸發至大氣中。含有水蒸氣的大氣移往陸地就會降雨，故也可以說海洋透過大氣提供水分給陸地。海洋每年的蒸發量將近42.5萬立方公里，這相當於海面每年下降1.2公尺（每天3毫米）的量。不過，幾乎等量的水也會以雨、雪等形式降至大海及陸地，大部分降至

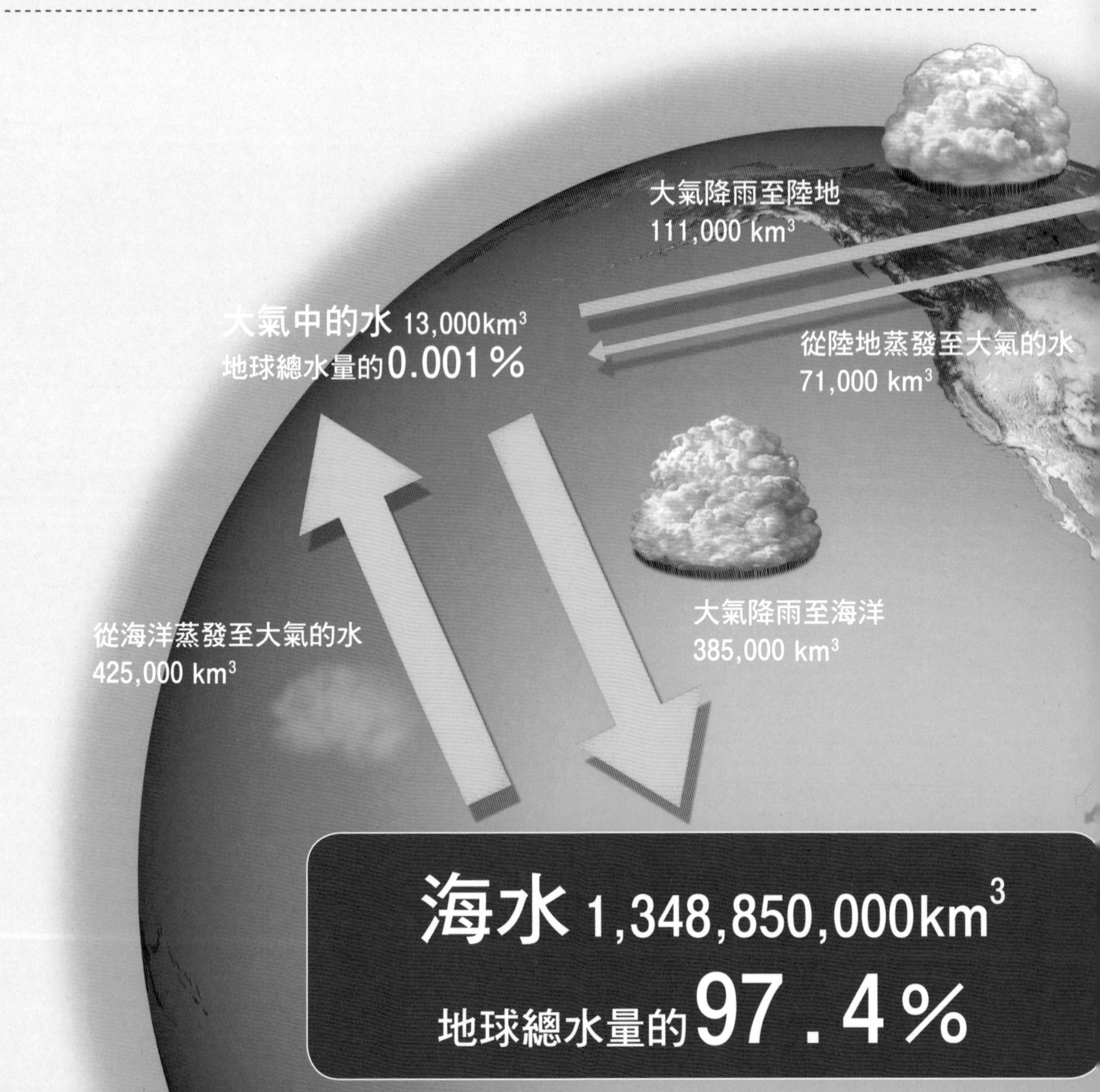

陸地的水再經由河流等流回大海，所以實際上海面並不會下降。

薄層表面的水溫變化會對氣象造成影響

海水溫度最低為零下2℃（北極等地），最高為30℃左右（熱帶區域）。也就是說，海水溫度變化不過30℃左右的範圍。另一方面，陸地上的最低溫為零下90℃（南極），最高溫近70℃（伊朗的沙漠），溫度變化高達160℃。此外，海水含有3.5%左右的鹽分，所以海水結凍溫度在零下2℃左右，比純水（0℃）的冰點略低一些。

此外，不管在海面水溫多高的地方，從海面下數百公尺到數千公尺的範圍都是5℃以下的冰冷海水。表層附近的溫暖海水只是整體海水的一小部分而已。不過，這薄薄一層表面海水的水溫變化加上與大氣的作用，卻會大幅影響氣象。

陸地上的水 35,987,000km^3

地球總水量的2.6％

陸地上的水分項	體積
冰層、冰川	27,500,000 km^3
地下水	8,200,000 km^3
鹹水湖	107,000 km^3
淡水湖	103,000 km^3
土壤水	74,000 km^3
河　川	1,700 km^3
動植物	1,300 km^3

※各數據參考《理科年表》

地球上的水如何分布？

圖中列出了地球海洋、陸地、大氣中的水量，以及一年內水在海洋、陸地、大氣之間移動的水量（黃色箭頭，寬度與水體積成正比）。海水蒸發會使大量的水從海洋移動到大氣，同時，大氣中的水也會以降雨的形式移動至海洋。特定水分子停留在大氣中的時間（滯留時間）相當短，平均只有10天左右。

在數千公尺的深海緩慢流動的洋流

海洋有所謂的「溫鹽環流」(thermohaline circulation)在深海中緩慢流動，以1000年為單位循環。表層的海水也會下沉至數千公尺的深海，深海的海水再從其他地方回到海洋表層。

不同水溫、鹽分（鹽度）的海水，密度也不一樣。水溫越低或是鹽度越高，海水的密度就越大。密度大（較重）的海水會往下沉，密度小（較輕）的海水則會上浮。基本上，海洋表層的水溫較高，越深則海水溫度越低。也因此，海底附近的海水又冷又重，表層附近的海水則溫暖質輕，形成了層狀結構。海水比較容易在水平方向上移動，因為垂直方向會受到「密度之壁」的阻礙，如果沒有特殊條件，基本上就不太可能發生海水上下流動的情況。

而這個特殊條件就發生在北大西洋北部與南極洲周圍。

大西洋表層附近的海水鹽分偏高。這些海水流動到大西洋北部時，熱能會被高緯度地區的寒冷大氣吸走。原本鹽分就高的海水降溫之後密度變得更大，甚至大過下層海水，於是引發表層海水下沉至深海的反轉現象。

另一方面，南極洲周圍的情況稍有不同。除了海水熱能被寒冷大氣吸走之外，又因為海洋表面結凍，使周圍海水的鹽分變得更高。在兩種效應的組合之下，海水更容易下沉。海水結凍時，鹽分幾乎不會進入冰內。也就是說，凍結的海水越多，就有越多鹽分殘留在海水中，形成鹽分越高（越重）的海水。

花上許多時間逐漸上移至表層

下沉至深海的海水（深層洋流）似乎會在全世界的深海移動。速度約為每秒數公分，是表層洋流平均速度的10分之1左右。深層洋流在各大洋的海底緩慢流動時，會逐漸受到上層的溫暖海水加熱升溫，密度變得越來越小，最後回到表層附近。

溫鹽環流概念圖

下圖說明了溫鹽環流的概念：北大西洋北部與南極洲周圍的表層海水會下沉至深海，然後在各大洋間流動，接著逐漸回到表層。圖中所繪的路線並不嚴謹，旨在表現溫鹽環流流動到世界各大洋的概念。

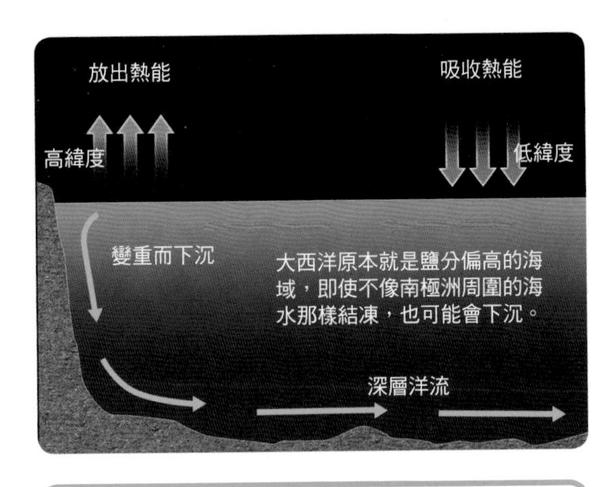

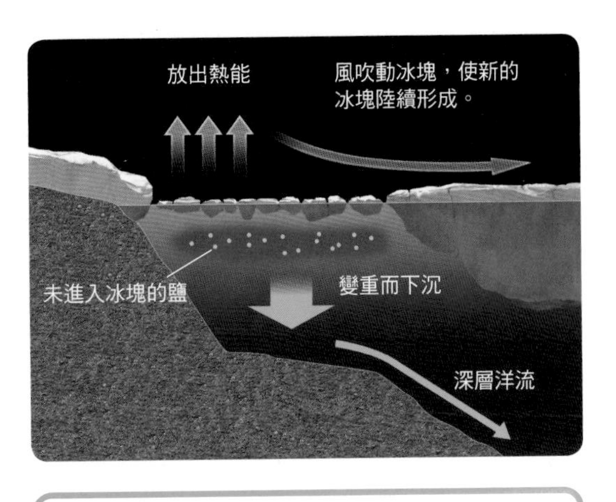

熱能被大氣吸收
水溫下降、密度上升

在低緯度地區，海洋會吸收大氣的熱能；在高緯度地區，大氣會吸收海洋的熱能。在北大西洋北部，大氣吸收海洋熱能，使表層海水冷卻而密度上升，下沉至深海。

結冰後
鹽分上升、密度上升

南極洲周圍的海洋表面結凍會促進溫鹽環流。海水結凍後，鹽無法進入冰塊，加上周圍海水變得更冷、鹽度變得更高，密度增加而下沉至深海。

COLUMN

洋流變化與氣候變化連動

洋流可以帶動熱能的交換，冷卻低緯度的海水，加熱高緯度的海水。反過來說，要是洋流失去搬運熱能的功能，會發生什麼事呢？事實上，有人認為在大約1萬2900年前曾經發生過這樣的事。

現在的地球正處於「冰河期」(ice age)。冰河期是指地球上存在大規模冰層的時代。目前地球上的格陵蘭、南極洲等地就有大規模的冰層。冰河期之中，氣溫特別低的時期稱作「冰期」(glacial period)；較溫暖的時期稱作「間冰期」(interglacial period)。如今地球正處於冰河期當中的間冰期。已知過去地球曾在冰期與間冰期間多次切換。最後一次冰期於1萬2900年前結束，在這之後便進入了間冰期（氣候逐漸暖化）。

新仙女木期寒化的原因

當時北美洲的「勞倫臺德冰層」(Laurentide ice sheet）相當發達。在冰期即將結束、氣候逐漸變得溫暖時，冰層開始融化，在周圍形成了許多淡水湖。或許是擋住湖水的冰層在某個時間點突然崩潰，使大量淡水一口氣流入北大西洋北部。由於密度較小的淡水大量流入，阻礙了溫鹽環流，才導致北半球大氣吸收到的海洋熱能大幅減少，造成急遽的寒化。

不過，在1萬2900年前～1萬1500年前之間，正開始變溫暖的地球突然出現強烈的「返寒」現象。對鑽探格陵蘭冰層得到的「冰芯」（ice core）進行分析後，發現地球的平均氣溫在這段期間內曾一口氣下降數℃以上。氣溫曾經下降的證據不只出現在格陵蘭，以北半球為中心的世界各地都可以看到這些證據，而這段期間就稱為「新仙女木期」（Younger Dryas）。

氣溫下降的原因有多種說法，北大西洋北部的溫鹽環流停止是其中一種可能原因。在大西洋北部，大氣會吸收表層附近海水的熱能，使海水冷卻而下沉至深海。當時的北美洲為巨大冰層，不過從冰期轉為間冰期的過程中，冰層逐漸融化，邊緣出現了幾個巨大的湖。而阻隔這些淡水湖與海洋的冰層可能在某個時間點突然崩潰，使淡水一口氣流入大西洋北部。淡水較輕，會覆蓋住溫鹽環流下沉入口附近的大片海面，強制中止溫鹽環流。這使得北半球大氣吸收的海洋熱能大幅減少，造成氣候急遽寒化（cooling）。除了這個原因，也有人認為新仙女木期的寒化是因為彗星的撞擊。

目前地球的陸地與海洋表層皆有暖化傾向。近年的觀測也顯示深海水溫明顯有逐漸上升的現象。這會不會影響到洋流的循環，進而影響到地球環境呢？目前尚待查明，但的確有必要持續關注這些現象。

過去發生過的劇烈「返寒」

右方兩張圖為地球在過去2萬年間的平均氣溫變動，分別透過不同研究得到的分析結果。上圖是分析委內瑞拉外海的海底窪地「卡里亞科海盆」（Cariaco basin）海底沉積物得到的結果。下圖則是對鑽探格陵蘭冰層得到的冰芯進行分析的結果。兩者的氣溫變動傾向十分相似，且都顯示在約1萬2900年前～1萬1500年前之間是地球寒化的年代。這段時期叫作新仙女木期。除此之外亦有許多證據顯示，這個時期的世界以北半球為中心正在逐漸寒化。

在新仙女木期之前，是地球暖化的時代。所以此時應為「冰期」的結束，「間冰期」的開始。想必突如其來的劇烈寒化對當時的人類而言也是一大事件。

分析委內瑞拉外海卡里亞科海盆的海底沉積物得到的地球氣溫歷史變化

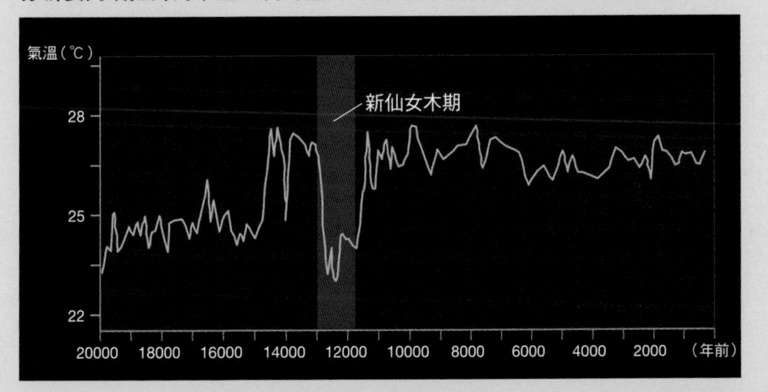

分析格陵蘭冰層的冰芯得到的地球氣溫歷史變化

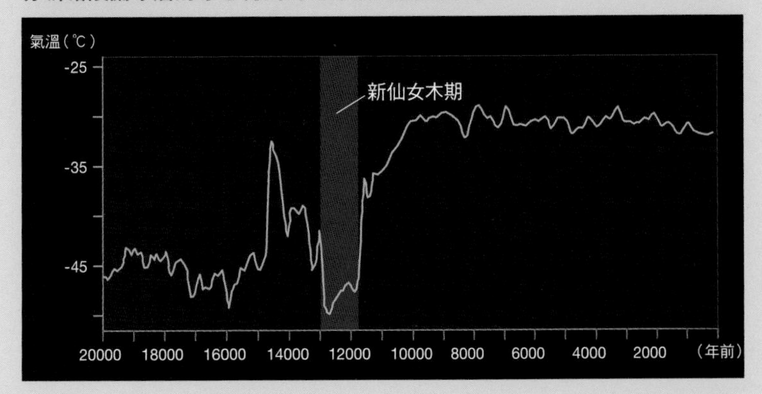

SECTION 52

海洋龐大的熱能驅動了大氣

水從海面蒸發成水蒸氣時，會將海水的熱量帶走，換言之，海水溫度會下降。水蒸氣到達高空時會冷卻成小水滴，聚在一起的小水滴飄浮在空中，就是我們看到的「雲」。

與蒸發時相反，水蒸氣抵達高空形成雲時，會釋放出熱能至空氣中。海水蒸發至高空形成雲的一系列過程，可以將海洋的熱能送到大氣中。

而且，海水蘊藏的熱能遠大於空氣。舉例來說，假設空氣吸走了海水1公升的熱能，使其溫度下降1℃，這些熱能可以讓3600公升標準狀態（1大氣壓，25℃）下的空氣上升1℃。為什麼會這樣呢？

其中一個理由在於海水「較難升溫」。炎炎夏日來到海水浴場時，會覺得沙灘熱到沒辦法裸足在上面行走，反觀海水就涼快得多。原因就是海水比沙灘更難升溫。若將等量的熱能分別給予等重（等質量）的海水與沙子，則海水的溫度上升幅度僅為沙子的5分之1。

同樣的情況也發生在海水與空氣。海水具有比空氣更難升溫的性質。若將等量的熱能分別給予等重的海水與空氣，則海水的溫度上升幅度僅為空氣的4分之1。再者，液態海水的密度相當高，是氣態空氣的900倍。因此，使1公升海水增加1℃所需的熱能，相當於使3600公升（＝4×900）的空氣增加1℃所需的熱能。

海水不僅難以升溫，也難以冷卻。少量的海水可以吸收大量熱能，所以溫度不容易改變。也就是說，海水可以儲存大量熱能。所有海水的質量是所有大氣質量的約270倍，所以整個海洋所能儲存的熱能大約是整個大氣的1000倍（≒4×270）。

當空氣吸走海水的熱能，會發生什麼事呢？獲得熱能的空氣會受熱膨脹、密度變小（變輕），上升至高空。空氣上升處的「氣壓」（atmospheric pressure）會比周圍低。而空氣會從氣壓高的地方往氣壓低的地方流動，所以水平方向也會產生空氣流動。

少量海水即可加熱大量空氣

大量海水從海面蒸發時，因為蒸發的水吸收了氣化熱，故會讓海水冷卻。水蒸氣上升至高空後冷卻、凝結成小水滴，便會形成雲，將等量的氣化熱釋放至周圍。當雲中水滴越來越大時，會變成雨滴落至海面。此時只有水回到海洋，熱能還留在空氣中。所以，水蒸氣可以說是將熱能從海水帶到空氣的媒介。

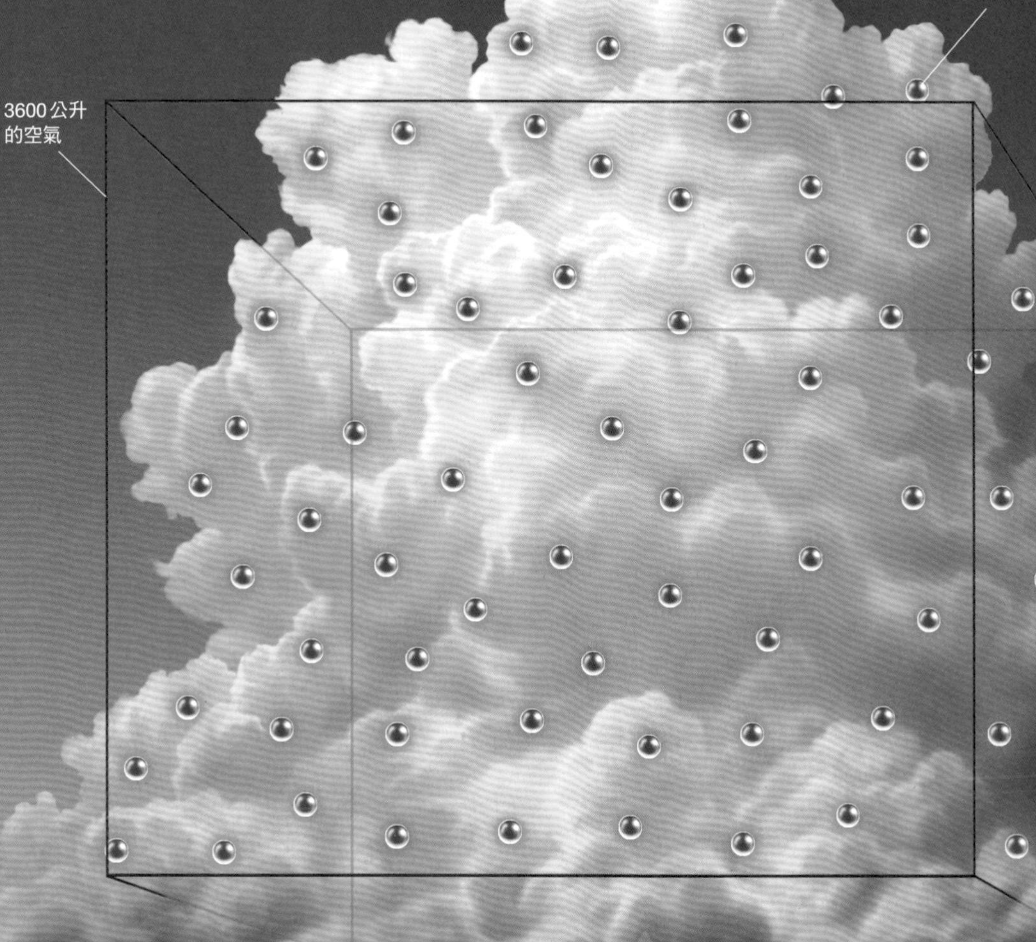
從氣態（水蒸氣）轉變成液態（水滴），釋放出熱能。
3600公升的空氣
上升氣流將水蒸氣送至高空。
從液態（海水）轉變成氣態（水蒸氣），吸收熱能。
1公升的海水

海水的溫度決定世界的氣候

插圖所示為7月的平均海面水溫。海水越靠近赤道則溫度越高（越紅），越靠近南、北極則溫度越低（越藍）。這是因為越接近赤道，陽光角度越接近直射，地球表面單位面積獲得的太陽能量就越多。不過嚴格來說，因為地球自轉軸傾斜23.5度，7月時太陽應會直射北緯20度左右的地方。

仔細觀察海水溫度的分布，會發現並非所

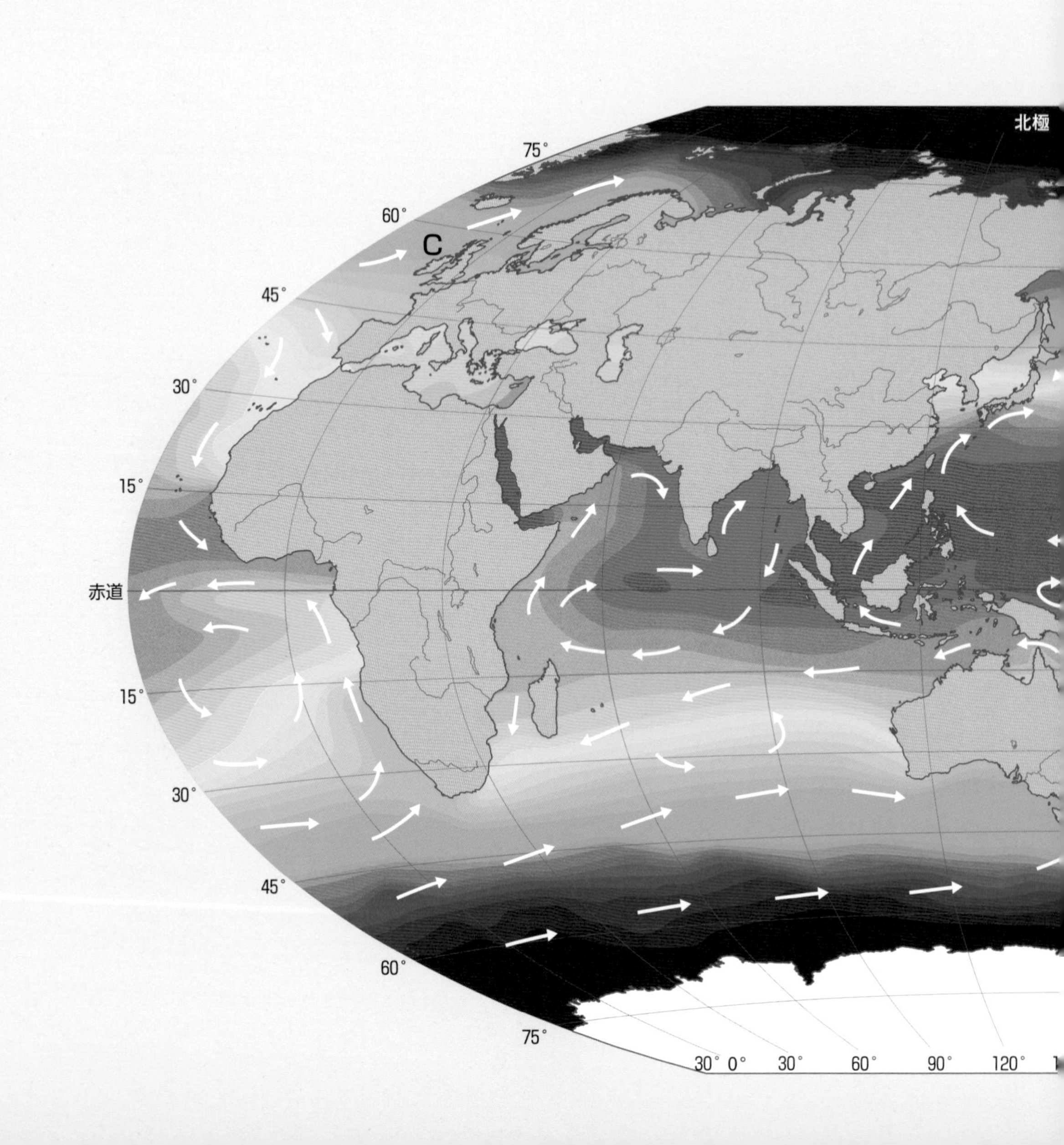

有地方都符合「越接近赤道越溫暖，越接近極區越寒冷」的規則。舉例來說，太平洋東部（圖中的A地點）相當靠近赤道，海水卻比較冷，只有20℃左右。相對地，太平洋西部同緯度地區（B地點）的海水高達近30℃。

另外，英國周邊（C地點）緯度很高，海水卻有10℃左右。相較於同緯度的太平洋北部（D地點）海水溫度在5℃左右，可見英國周遭的海水溫度偏高。

這些特殊的海水溫度分布會讓低緯度地區相對涼爽、高緯度地區相對溫暖，是造成世界各地特殊氣候的重要原因。

圖中所繪的白色箭頭為「洋流」。對照洋流與水溫分布，可知洋流會將溫暖的海水帶到其他地方，進而影響整體的水溫分布。

水溫的分布及海水的流動會對世界各地的氣候造成各種影響。

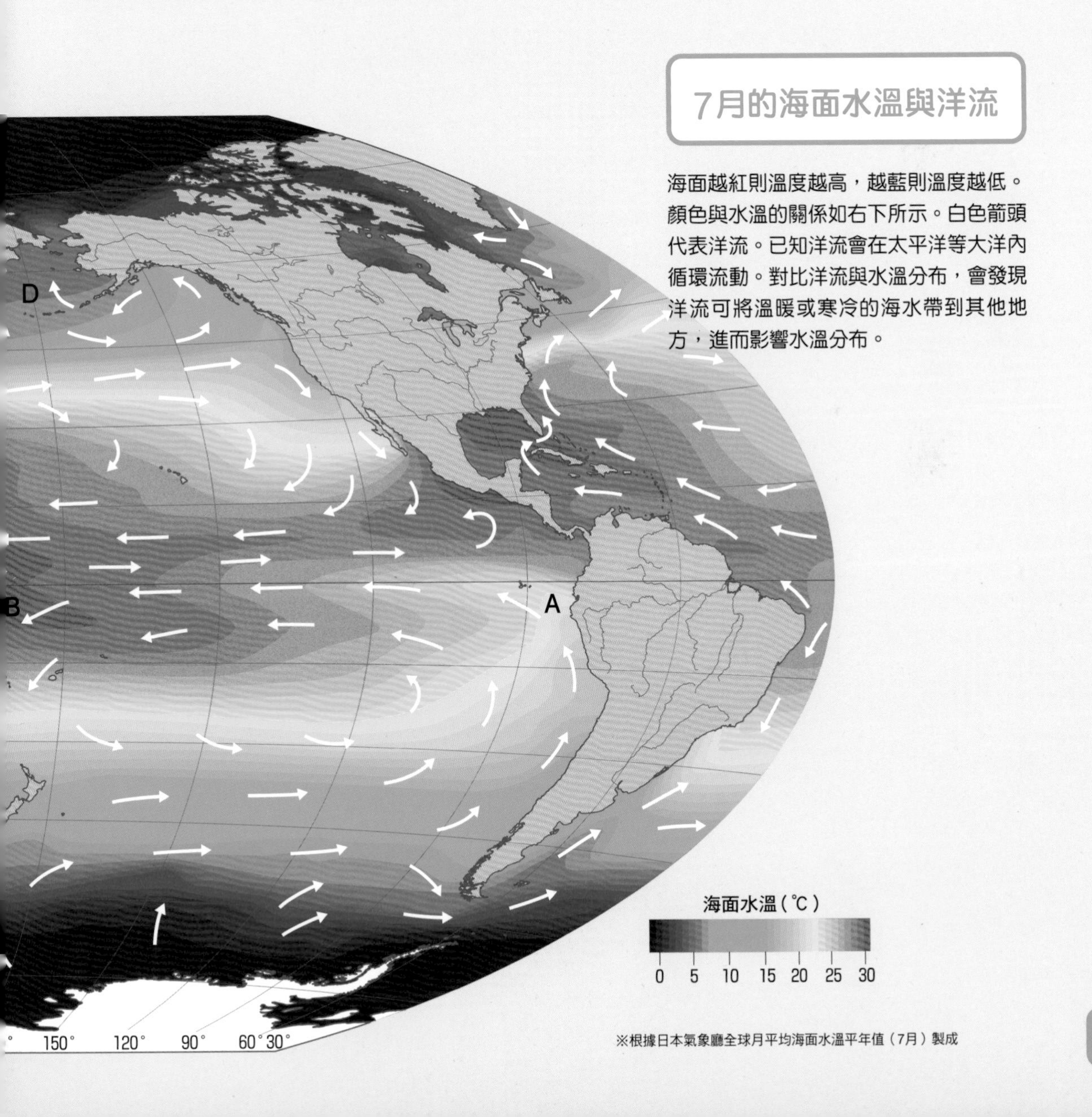

7月的海面水溫與洋流

海面越紅則溫度越高，越藍則溫度越低。顏色與水溫的關係如右下所示。白色箭頭代表洋流。已知洋流會在太平洋等大洋內循環流動。對比洋流與水溫分布，會發現洋流可將溫暖或寒冷的海水帶到其他地方，進而影響水溫分布。

※根據日本氣象廳全球月平均海面水溫平年值（7月）製成

倫敦比北海道更北邊卻比較溫暖的原因

英國倫敦的位置比日本北海道再往北500公里以上，年均溫卻有10℃，幾乎與日本東北地區相同。倫敦在冬季也很溫暖，月均溫不會低於冰點，這也是海水溫度影響所致。

英國雖然位於高緯度，周圍的海水卻相對溫暖，在10℃以上。相較於大西洋對岸同緯度地區的海水溫度，英國的海水溫度高出了10℃左右。從美國佛羅里達半島附近流向歐洲的洋流，橫跨大西洋將溫暖海水送到英國附近。倫敦之所以較同緯度地區溫暖，就是因為這個洋流的緣故。

即使陸地到了冬天變冷，沿岸的溫暖海水也有「暖氣」的效果，可以加熱該地區的空氣。洋流可以運送地球等級的「熱能」，發揮決定世界各地氣候的重要功能。

洋流將溫暖的海水送至歐洲

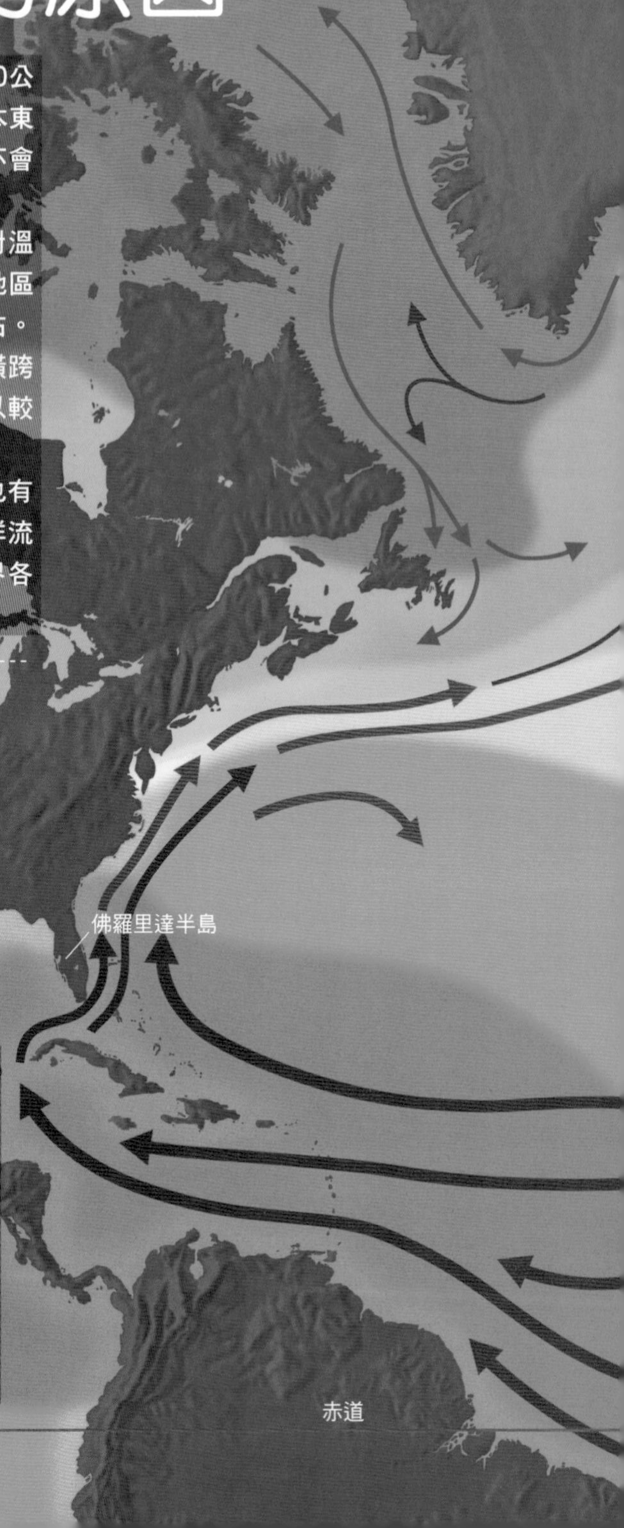

佛羅里達半島

圖中所繪的紅色與藍色箭頭皆為洋流。從大西洋西邊橫跨至東邊再北上的洋流，可以將熱帶、副熱帶地區的溫暖海水送至歐洲的高緯度地區。

此外，洋流可以分成「暖流」與「寒流」。通常從低緯度流向高緯度的洋流為暖流，從高緯度流向低緯度的洋流為寒流，但如何區分與水溫、緯度等科學性定義無關。此處以紅色箭頭表示從熱帶、副熱帶流向高緯度地區的洋流及其分支，以藍色箭頭表示來自極地的洋流。因此，未必與一般暖流、寒流的分類方式一致。

赤道

海面水溫的差異會大幅影響氣候

2009年的全球平均海面水溫（上），以及倫敦（左下）與稚內（右下）氣溫在一年內的變化。英國倫敦的緯度比北海道更高，但是其周圍的海水溫度卻與日本東北地區的海水相近。比較倫敦與稚內的氣溫，會發現倫敦的年均溫比較高，且冬季明顯比較溫暖。

全球平均海面水溫（2009年平均）

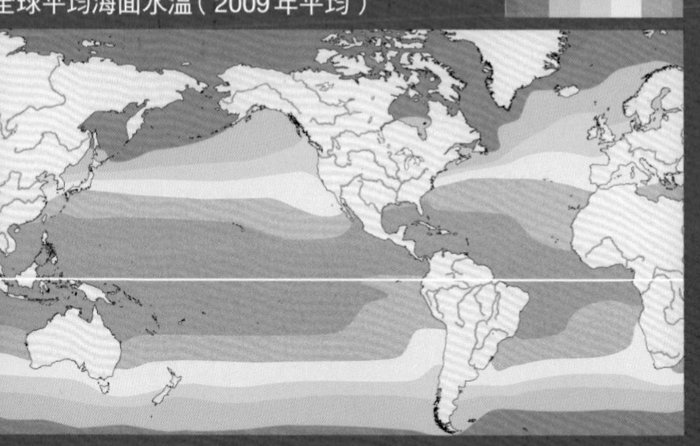

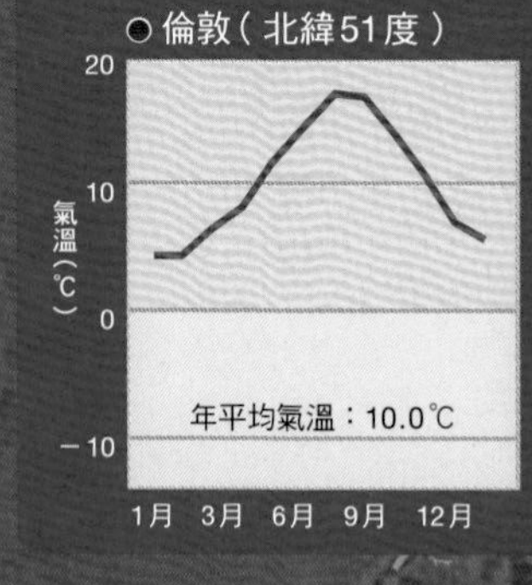

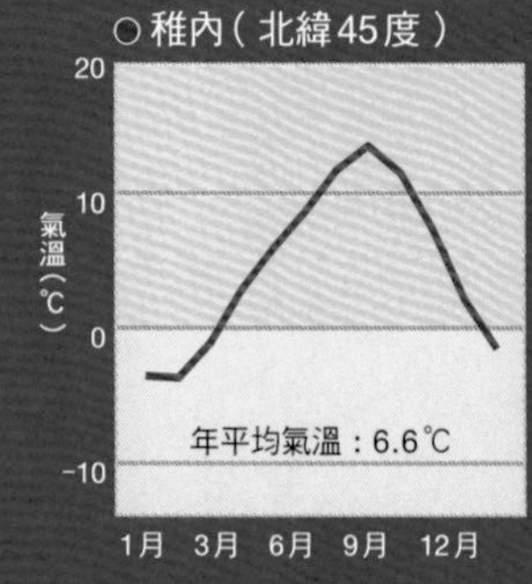

颱風、颶風、氣旋皆在海面上生成

上升氣流可將大量水蒸氣送至高空，形成雲並釋放出熱能。受熱升溫的空氣塊會變輕而上浮，產生更強的上升氣流。持續發展下去，就會形成雲底至雲頂超過 1 萬公尺的「積雨雲」（cumulonimbus）。

在大量積雨雲聚集的地方，受熱的空氣持續上升，使地表氣壓下降。地表氣壓下降會讓周圍空氣吹進來，在地球自轉的影響（科氏力）之下逐漸形成漩渦。北半球漩渦為逆時鐘旋轉。漩渦形成的風進一步聚集更多水蒸氣，使積雨雲繼續成長，最後就會形成颱風（typhoon）。生成颱風並維持颱風的成長循環需要大量水蒸氣，只有海面水溫超過 27℃的熱帶或副熱帶溫暖海面可以提供。

颱風的漩渦就像一個從海洋吸走大量熱能的巨大泵浦，地球自轉就是這個泵浦的動力。而颱風的生成及成長需要大量的水蒸氣作為「燃料」。

熱帶氣旋若在北太平洋生成，稱作颱風；若在北大西洋生成，稱作颶風（hurricane）；若在印度洋生成，則稱作氣旋（cyclone）。

2. 從溫暖海面吸收水蒸氣，擴大勢力

在溫暖海面上前進的颱風會從海面吸收大量水蒸氣作為「燃料」。水蒸氣形成雲，受熱空氣持續上升，使地表附近的氣壓變低，就會讓周圍吹入的風越來越強。

從周圍吹入颱風中心的風會形成漩渦，使風力變得更強。這可以用「角動量守恆定律」解釋：例如花式滑冰選手在轉圈時，若將展開的手臂收合，旋轉速度就會因為角動量守恆而上升。

漩渦旋轉的離心力會將中心附近的雲往外甩，形成颱風的「眼」。颱風眼周圍是高聳的雲牆與無雲區域間隔排列的層狀結構（左方剖面圖）。雲牆部分會透過上升氣流從海面吸收大量水

3. 通過海水溫較低的區域時，勢力減弱

海水溫較低的區域與陸地空氣的水蒸氣量，明顯不如溫暖海面上的空氣。當颱風通過這些地方時，由於「燃料」供應斷絕，勢力就會減弱。

海面水溫27℃界線

颱風的一生（1～3）

插圖所示為颱風生成後，在溫暖海面上一邊移動一邊增強勢力，到達較冷海面上勢力減弱的模樣。颱風是指在西北太平洋、東海、南海等地生成的強烈熱帶氣旋。因為是在北半球生成，所以如圖所示朝逆時鐘方向旋轉。

1. 積雨雲的漩渦形成颱風

溫度高的海面，空氣中的水蒸氣含量較多。大量水蒸氣會逐漸聚集形成積雨雲，成為巨大的雲集合體。積雨雲集合體加熱空氣，形成低氣壓。在地球自轉的影響下開始旋轉，生成颱風。

由於海洋與陸地的氣壓差在海邊吹起的風

夏天到海邊時，可以感覺到海洋吹來涼爽的風，也就是所謂的「海風」(sea breeze)。

陸地比海洋容易升溫，所以太陽升起時，陸地溫度會逐漸升高，陸地空氣隨之受熱升溫，逐漸膨脹、變得更輕。空氣變輕後上升，使地表附近的氣壓下降。氣壓比周圍低的地方，稱作「低氣壓」(low pressure)；相對地，氣壓比周圍高的地方，稱作「高氣壓」(high pressure)。

在夏天的海邊，陸地空氣會受熱升溫形成低氣壓。另一方面，海面的氣溫比陸地低、空氣較重，形成了高氣壓。於是空氣從氣壓高的海洋吹向氣壓低的陸地，這就是海風。

入夜以後，陸地溫度急速下降，陸地空氣也跟著冷卻，使陸地形成高氣壓。所以與白天時相反，陸地是高氣壓、海洋是低氣壓，因而形成從陸地吹向海洋的「陸風」(land breeze)。

海洋與陸地的升溫難易差異形成「海風」與「陸風」

在白天的海邊，陸地的溫度因為日照而急速上升，海洋的溫度卻不會上升那麼多。於是陸地與海洋出現氣壓差，形成空氣循環(左)。此時，從海洋吹向陸地的風稱作「海風」。

入夜以後，沒有日照的陸地其溫度急速下降，海洋的溫度卻不會下降那麼多。於是產生與白天相反的空氣循環(右)。此時，從陸地吹向海洋的風稱作「陸風」。

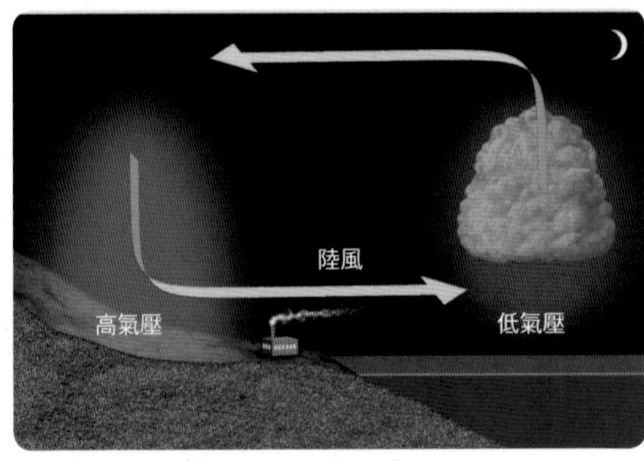

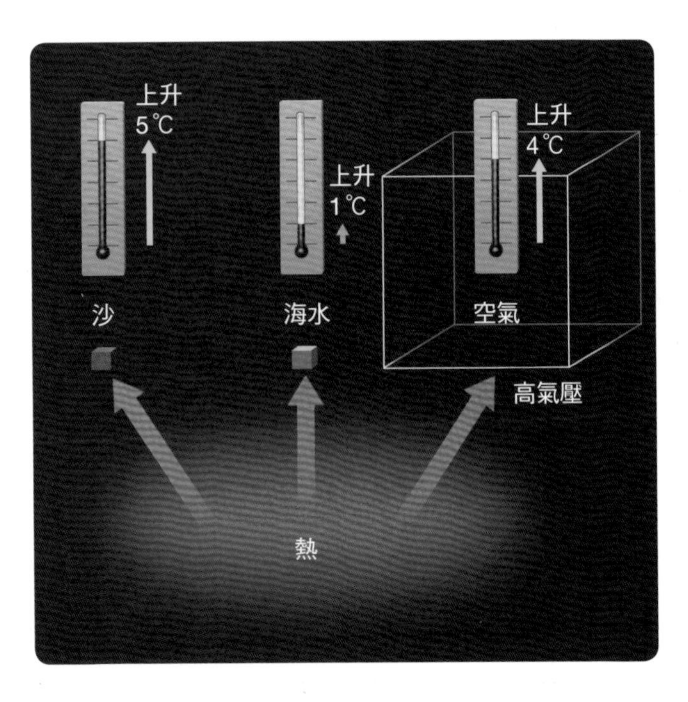

海水比沙或空氣更難升溫

將等量的熱能分別給予等重（等質量）的沙、海水、空氣，三者溫度上升的程度並不相同。沙的溫度上升5℃時，海水只上升1℃，空氣則上升4℃。換言之，使海水上升至相同溫度所需的熱能會比沙子或空氣來得多。

1公克物質上升1℃所需的熱能稱作「比熱容」(specific heat capacity)。海水的比熱容是沙子與空氣的數倍大。海水與淡水（純水）的比熱容幾乎相同，不過海水的比熱容稍低一些。

比熱容較大代表較難升溫也較難冷卻。換言之，海水比沙或空氣更難升溫也更難冷卻。

海風與陸風

在夏天的海邊，白天的風會從海洋吹向陸地，晚上的風則會從陸地吹向海洋。

SECTION 57

Monsoon

季風

吹越數千公里大陸規模的風

海風與陸風只會發生在離海邊數公里的範圍內，屬於局部現象。「季風」（monsoon）與海風、陸風的機制類似，但卻是規模大到範圍超過數千公里的風。

亞洲以季風盛行的地區聞名。到了夏季，大陸（譬如印度次大陸）的溫度上升，形成低氣壓。另一方面，溫度比陸地低的海洋（印度洋）則會形成高氣壓。於是海洋（高氣壓）的空氣吹向大陸（低氣壓），再加上風向又受到地球自轉的影響（科氏力影響），所以印度在夏季會出現從西南方吹來的季風（中央圖）。到了冬季則正好相反，大陸為高氣壓、海洋為低氣壓，故季風會從東北方吹向西南方（右頁下圖）。

5月到7月是日本的「梅雨」時期。事實上，梅雨這種氣候就廣義上而言，也屬於從海洋吹向陸地的亞洲季風的一部分。如果不到海邊，就無法感受到海風與陸風，不過這種因為海洋「較難升溫」而產生的大陸規模的風，卻會以梅雨的形式抵達內陸。

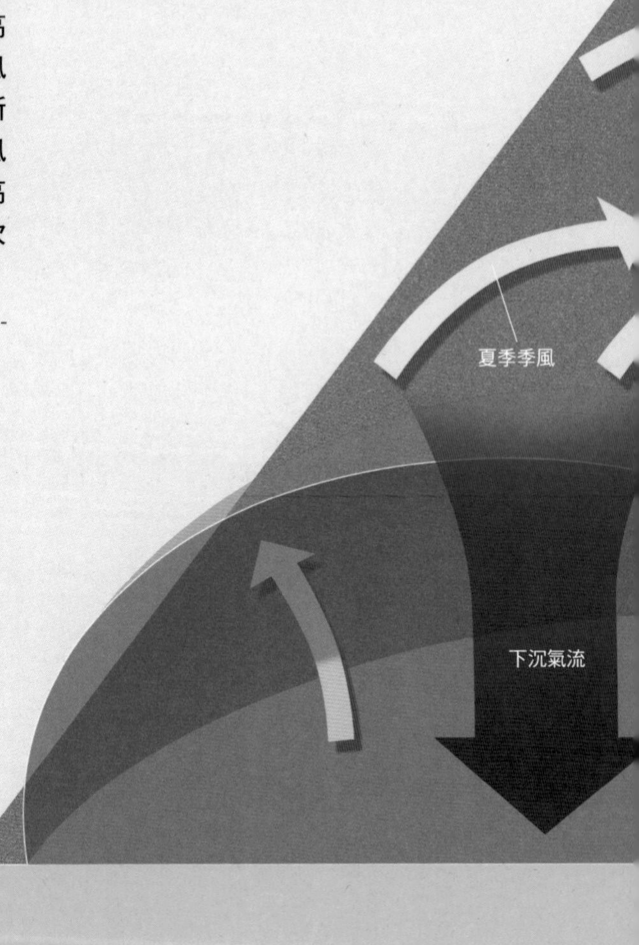

季風是大規模的「海風」

插圖所示為印度在夏季時，季風（黃色箭頭）的吹動模樣。在溫暖的印度次大陸，空氣受熱後會生成低氣壓（上升氣流）。另一方面，在溫度比陸地低的印度洋，則會形成高氣壓（下沉氣流）。海上高氣壓以藍色半球表示。地球的自轉（科氏力）會影響到季風方向。科氏力會讓南半球的風在前進的同時往左偏，讓北半球的風在前進時往右偏。

印度在夏季時，季風將大量水蒸氣從海洋送至陸地，產生大量降雨。在印度，夏季季風就是雨季（濕季）的意思。

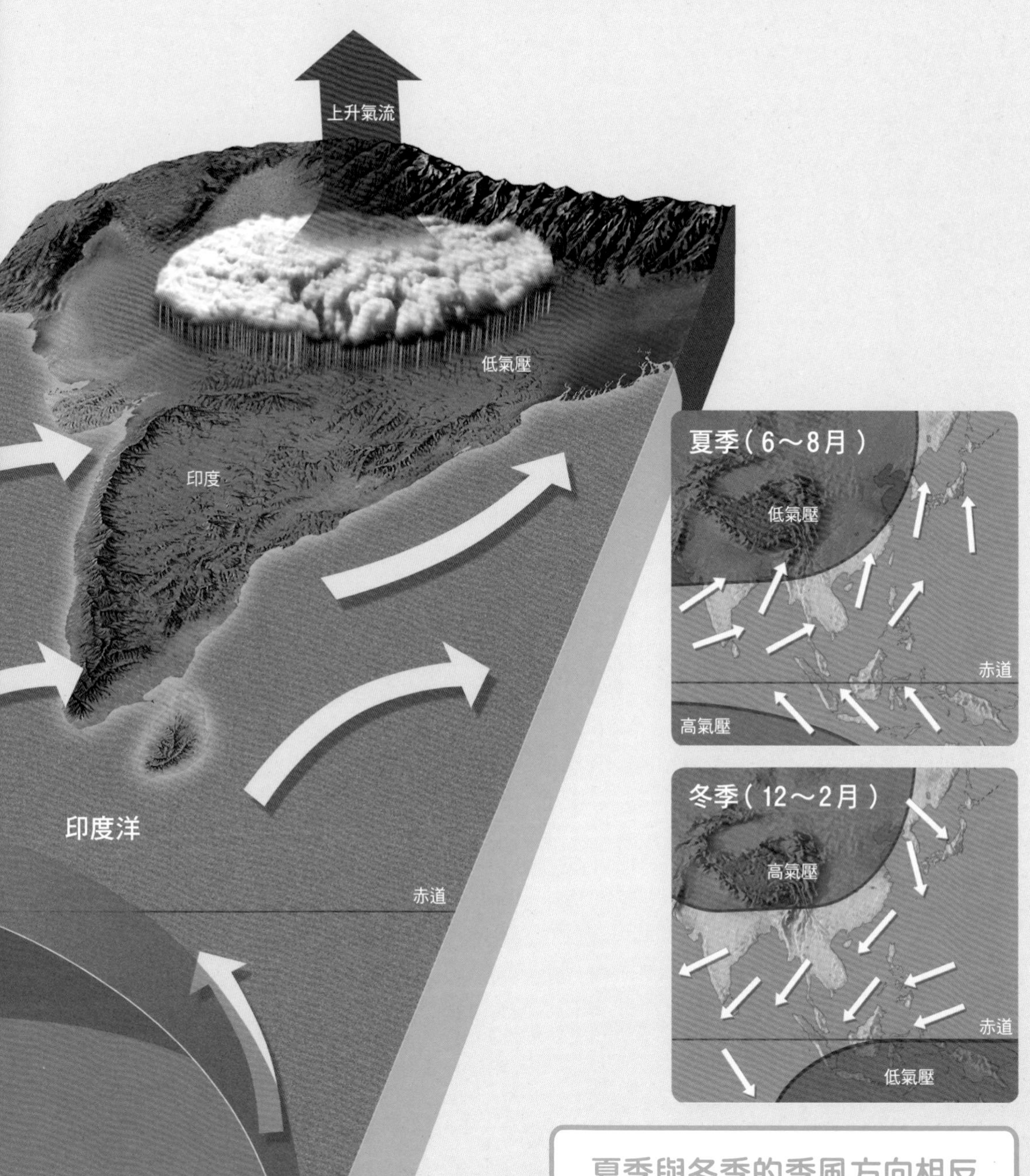

夏季與冬季的季風方向相反

亞洲許多地方都可以看到季風。夏季季風會從印度洋吹向印度、從大洋洲吹向中國與日本（右最上），冬季季風的方向則反（右上）。

順帶一提，季風（monsoon）一詞源自於阿拉伯語的「季節」（mausim）。除了亞洲以外，非洲與南美洲的亞馬遜河流域也有季風生成。

因海洋而生的沙漠

說到沙漠，一般人或許會想到如蒙古「戈壁沙漠」那種位於內陸，與海洋相隔甚遠的廣大沙漠。有趣的是，也有一些是分布於沿海地區的細長沙漠，例如智利的「阿他加馬沙漠」（Atacama Desert）。

照理說，靠海的地方會有來自海洋的潮濕空氣吹入而降雨，但是阿他加馬沙漠幾乎不下雨，有些地方甚至將近40年沒下過雨。為什麼在沿海地區會形成極度乾燥的沙漠呢？

他加馬沙漠的外海有「秘魯洋流」（Peru Current，或稱洪保德海流〔Humboldt Current〕）流過。這個洋流帶來南冰洋的冰冷海水，降低沿岸海水的溫度。

高氣壓籠罩在這片地區的冰冷海面上，使海岸持續吹送西南風，將來自低溫海面的涼爽空氣送往陸地。雖然這些來自海面的涼爽空氣濕度較高，卻僅含有少量的水蒸氣（水氣含量很低）。這些濕度不高的空氣在陸地受熱升溫後，濕度又降得更低，成為乾燥的空氣。即使這些空氣送至高空，也無法形成雲。

這個區域的沿岸有一些低矮的山，使來自海洋的氣流難以入侵。再者，這一帶有很大範圍持續受高氣壓籠罩，來自高空的下沉氣流宛如「蓋子」般阻止海風形成上升氣流，使空氣形成了上下分離的穩定結構，就像浴缸裡上下分層的冷熱水一樣無法形成對流。海洋溫度低再加上各種條件，導致沿海附近形成了沙漠。

大陸的西岸容易形成類似環境。譬如非洲的「納米比沙漠」（Namib Desert）、「撒哈拉沙漠」（Sahara Desert）的西側部分，以及美國西岸的「索諾拉沙漠」（Sonoran Desert）等，都是在相同機制下形成的沙漠。

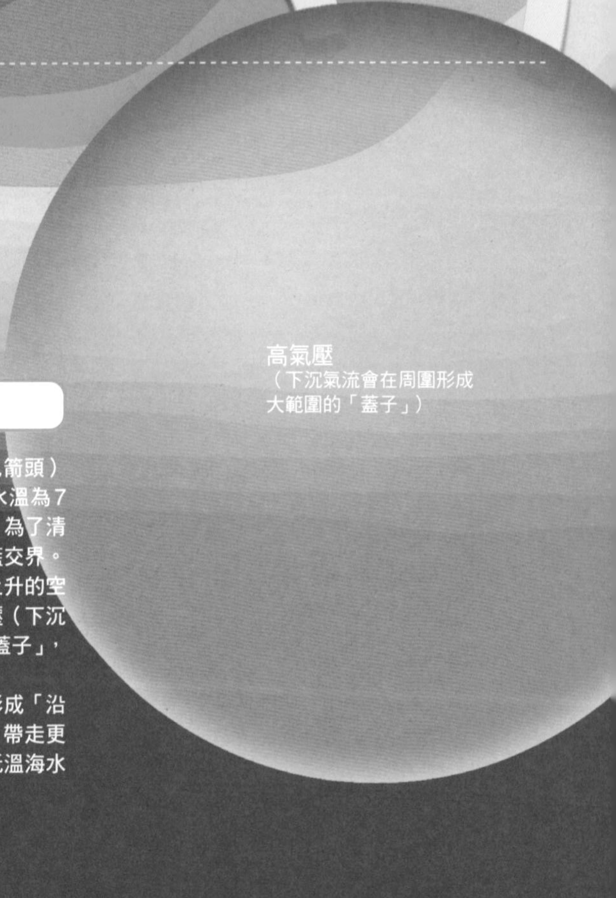

高氣壓
（下沉氣流會在周圍形成大範圍的「蓋子」）

沿海地區形成沙漠的機制

圖中畫出了南美洲西側的高氣壓（藍色大球）、風（黃色箭頭）以及洋流（藍色箭頭），並以顏色表示海面水溫。海面水溫為7月的平均溫度，越紅表示溫度越高，越藍表示溫度越低。為了清楚呈現涼爽的海水如何分布，圖中以24℃等溫線作為紅藍交界。高氣壓的緯度在不同季節略有差異，不過於熱帶受熱而上升的空氣大多會在中緯度地區下沉，形成終年穩定存在的高氣壓（下沉氣流）。如右頁右上圖所示，這個高氣壓會成為空氣的「蓋子」，阻止地表形成上升氣流。

此外，該區域的南風會讓海洋深處的冰冷海水上移，形成「沿岸湧升流」。而在海上持續吹拂的風會讓水分持續蒸發，帶走更多海洋的熱能。這些原因都會造成沿岸海水溫度下降。低溫海水會冷卻空氣、使其變重，令高氣壓進一步增強。

空氣「蓋子」阻礙上升氣流的形成

圖中畫出了南美洲西側的高氣壓（藍色大球）、風（黃色箭頭）以及洋流（藍色箭頭），並以顏色表示海面水溫。從海洋吹來的冷空氣會在陸地受熱升溫而上升。但是在高氣壓的籠罩下，下沉氣流會在距離地表1～2公里處形成空氣「蓋子」（1），如下圖所示般阻礙溫暖空氣上升（2），使其無法形成足以降雨的雲。

此外，來自海上的冷濕空氣有時會如下圖般，形成薄層狀的雲（3）。這些雲會遮蔽日光，進而減緩海面溫度的上升情況。在這些條件的疊加之下，沿海地區便會形成沙漠。

下沉氣流所形成的空氣「蓋子」
1
2
3
涼冷的海水
赤道
25℃
24℃
23℃
22℃
21℃
海面上的風
阿他加馬沙漠
秘魯洋流

沿岸地區湧升的冰冷海水讓舊金山起霧

美國西岸的舊金山在夏季經常起霧，使整個街道變得白茫茫一片。這種堪稱舊金山特色的霧與海洋有很大的關係。

舊金山位於北緯37度，緯度與日本福島縣幾乎相同。福島縣沿岸的夏季海面溫度為22℃左右。與之相比，舊金山沿岸的海面水溫僅有12℃左右。明明緯度相同，為什麼海水溫度會差那麼多呢？

舊金山附近一年四季都吹著北風。北半球的北風會讓表面海水往西流動（艾克曼輸送），也就是從陸地往海洋的方向流動。風將表面的海水拉往外海時，底層海水會上升，以補充被拉走的部分。當北風從北到南持續吹送時，表面海水會持續遠離海岸，使底層海水不斷上湧，這就是所謂的「沿岸湧升流」（coastal upwelling）。

不管是多溫暖的海洋，在海面以下數百公尺處皆為冰冷的海水。沿岸湧升流帶來的就是這些冰冷的海水。從太平洋外海吹來的潮濕空氣經過舊金山沿岸的冰冷海水冷卻，水蒸氣就會形成許多細小的水滴，也就是霧。

海洋除了會有許多表層的洋流之外，也會上、下垂直流動，進而影響各地天氣。

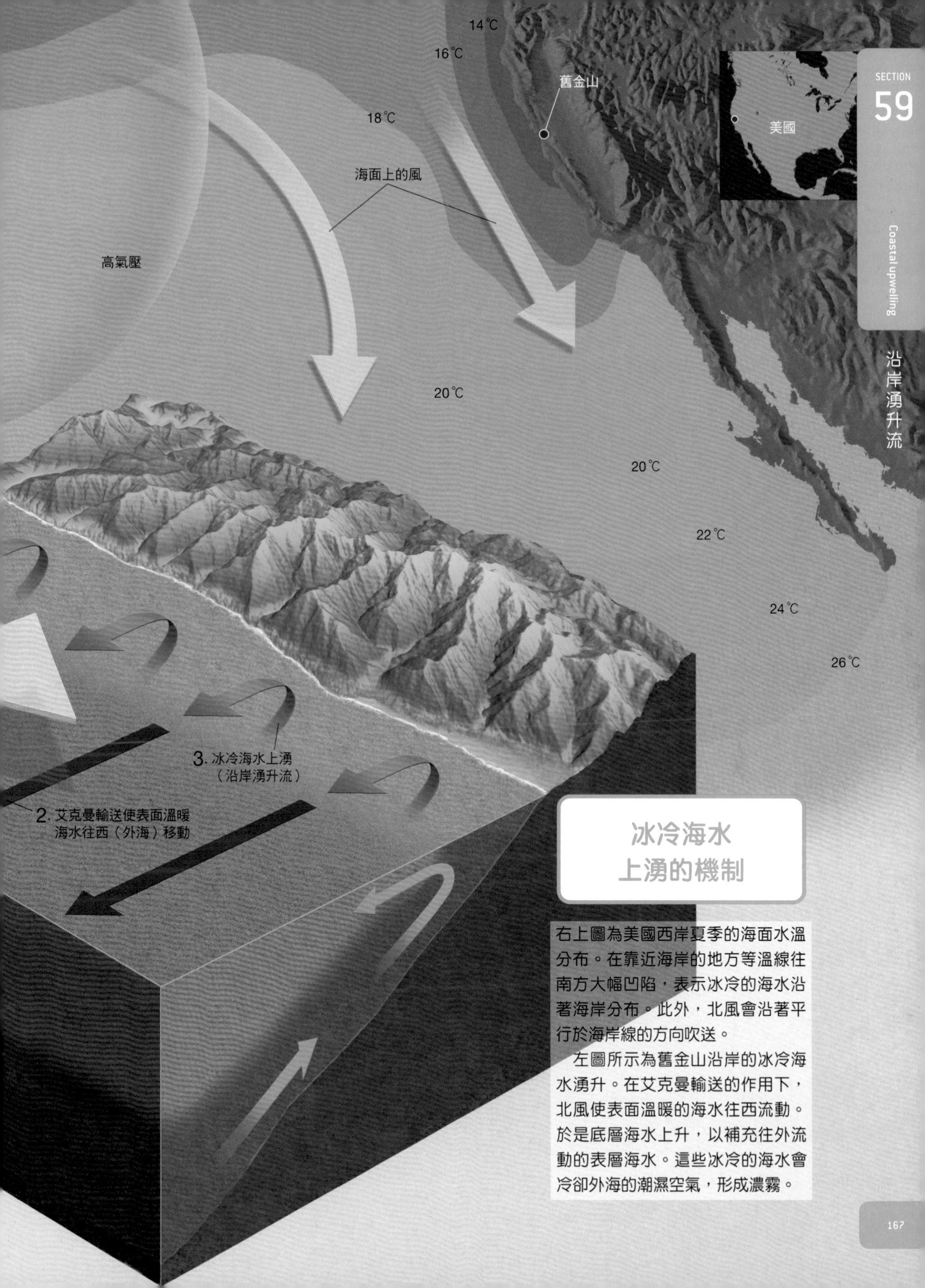

冰冷海水上湧的機制

右上圖為美國西岸夏季的海面水溫分布。在靠近海岸的地方等溫線往南方大幅凹陷，表示冰冷的海水沿著海岸分布。此外，北風會沿著平行於海岸線的方向吹送。

左圖所示為舊金山沿岸的冰冷海水湧升。在艾克曼輸送的作用下，北風使表面溫暖的海水往西流動。於是底層海水上升，以補充往外流動的表層海水。這些冰冷的海水會冷卻外海的潮濕空氣，形成濃霧。

赤道的海水為何比較冷？

太陽幾乎直射赤道，在其底下的海水應該是地球上最溫暖的才對。不過若是觀察海水溫度的分布，會發現事實並非如此。在太平洋東部的赤道周圍，偏冷的海水呈長條狀分布。這些偏冷海水的形成機制與沿岸湧升流類似。

赤道附近長年有東風（由東往西吹）吹送。這個東風也稱作「信風」，不僅出現於太平洋東部，只要在赤道附近，不管經度多少基本上都有信風。東風吹送時，赤道北側（北半球）的海水會因為艾克曼輸送往北移動；另一方面，赤道南側（南半球）由於科氏力與北半球相反，海水會因為艾克曼輸送往南移動。也就是說，東風在赤道吹送時，表面海水會往南北「拉開」。

當表層海水往南北移動，為了補充表面的海水，底層的冰冷海水會上升至表層，稱作「赤道湧升流」（equatorial upwelling），這也是赤道會有冰冷海水的原因。

墨西哥

溫暖海水

冰冷海水

赤道下方的逆向海流

赤道表面以下100～300公尺處左右，有道由西往東的「赤道潛流」（Equatorial Undercurrent）。赤道上的東風會讓表層海水往南北移動，產生赤道湧升流，並將表層的溫暖海水往西邊吹送。赤道潛流的方向則與由東往西流的表層海水相反。

赤道上的東風會將表層海水往西吹送，所以當我們觀察太平洋在赤道上的海面高低時，會發現西邊海面比東邊海面高。這種東西方向的水位差可能就是生成赤道潛流的原因。

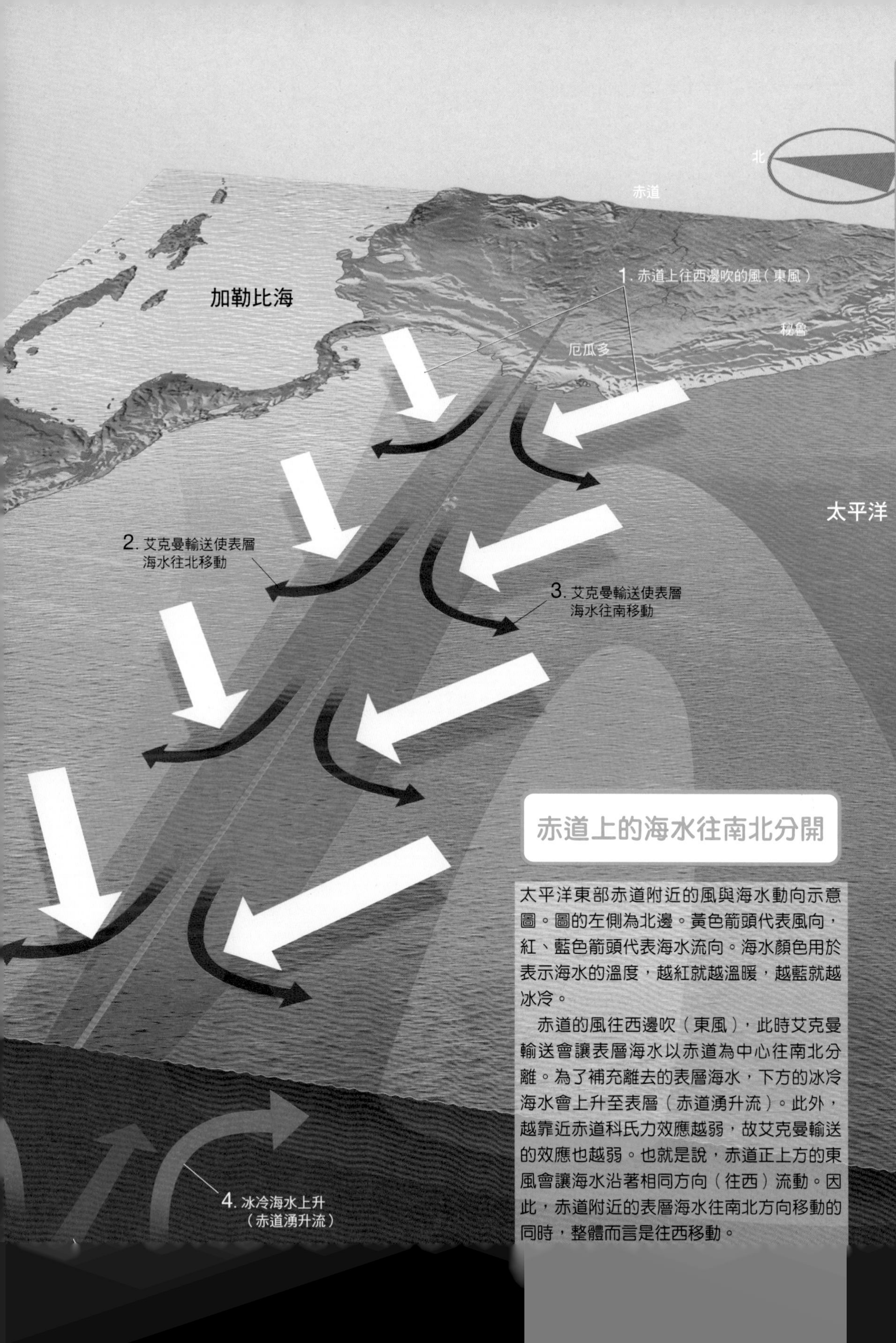

北
赤道
加勒比海
1. 赤道上往西邊吹的風（東風）
秘魯
厄瓜多
太平洋
2. 艾克曼輸送使表層海水往北移動
3. 艾克曼輸送使表層海水往南移動
4. 冰冷海水上升（赤道湧升流）

赤道上的海水往南北分開

太平洋東部赤道附近的風與海水動向示意圖。圖的左側為北邊。黃色箭頭代表風向，紅、藍色箭頭代表海水流向。海水顏色用於表示海水的溫度，越紅就越溫暖，越藍就越冰冷。

赤道的風往西邊吹（東風），此時艾克曼輸送會讓表層海水以赤道為中心往南北分離。為了補充離去的表層海水，下方的冰冷海水會上升至表層（赤道湧升流）。此外，越靠近赤道科氏力效應越弱，故艾克曼輸送的效應也越弱。也就是說，赤道正上方的東風會讓海水沿著相同方向（往西）流動。因此，赤道附近的表層海水往南北方向移動的同時，整體而言是往西移動。

秘魯外海海面水溫上升的聖嬰現象

常保冰冷的秘魯外海，海面水溫每隔數年會發生一次升溫現象，當地的捕魚業者都深知此事。該現象多發生在聖誕節前後，因此稱作「聖嬰現象」（El Niño，在西班牙語中代表「男孩」，指稱耶穌基督）。

如同前頁介紹的，赤道會吹起名為「信風」的東風。東風會讓赤道上的海水往南北移動、產生赤道湧升流，整體而言表層的溫暖海水會往西側移動。於西側累積的溫暖海水（A）會加熱上方空氣，形成上升氣流（低氣壓）。低氣壓會吸引周圍空氣往該區吹送，使溫暖海水更往西流動，進一步加熱空氣，這會讓東風變得更強。於是，正常時如上圖所示，太平洋西側會累積大量溫暖海水。

不過，當來自印度洋的西風吹到太平洋時，東風（信風）會暫時減弱，使狀況大為不同。原本應該在西邊累積的溫暖海水會往東移動。同時，上升氣流（低氣壓）的位置也會往東移動。吹向低氣壓的西風會將溫暖海水進一步往東吹送。結果便如下圖所示，溫暖海水從太平洋的中央一路延伸到東側（B）。

這就是秘魯外海海水溫度上升的「聖嬰現象」發生機制。發生聖嬰現象時，不只是秘魯外海，太平洋赤道的大範圍區域都會出現海面水溫上升的現象。而當水溫僅僅改變幾℃，就會對大氣造成很大的影響，引發氣候劇烈變動。

聖嬰現象的機制

太平洋的海水溫度變化、大氣與海水流動的示意圖。上圖為正常情況，下圖為聖嬰現象發生時的情況。海水溫度越紅表示越溫暖，越藍表示越寒冷。沿著赤道的剖面顯示了海面至水深300公尺處左右的海水溫度，且在縱向（水深方向）上放大了1萬倍。聖嬰現象發生時，溫暖海水上升，故赤道湧升流會減弱。

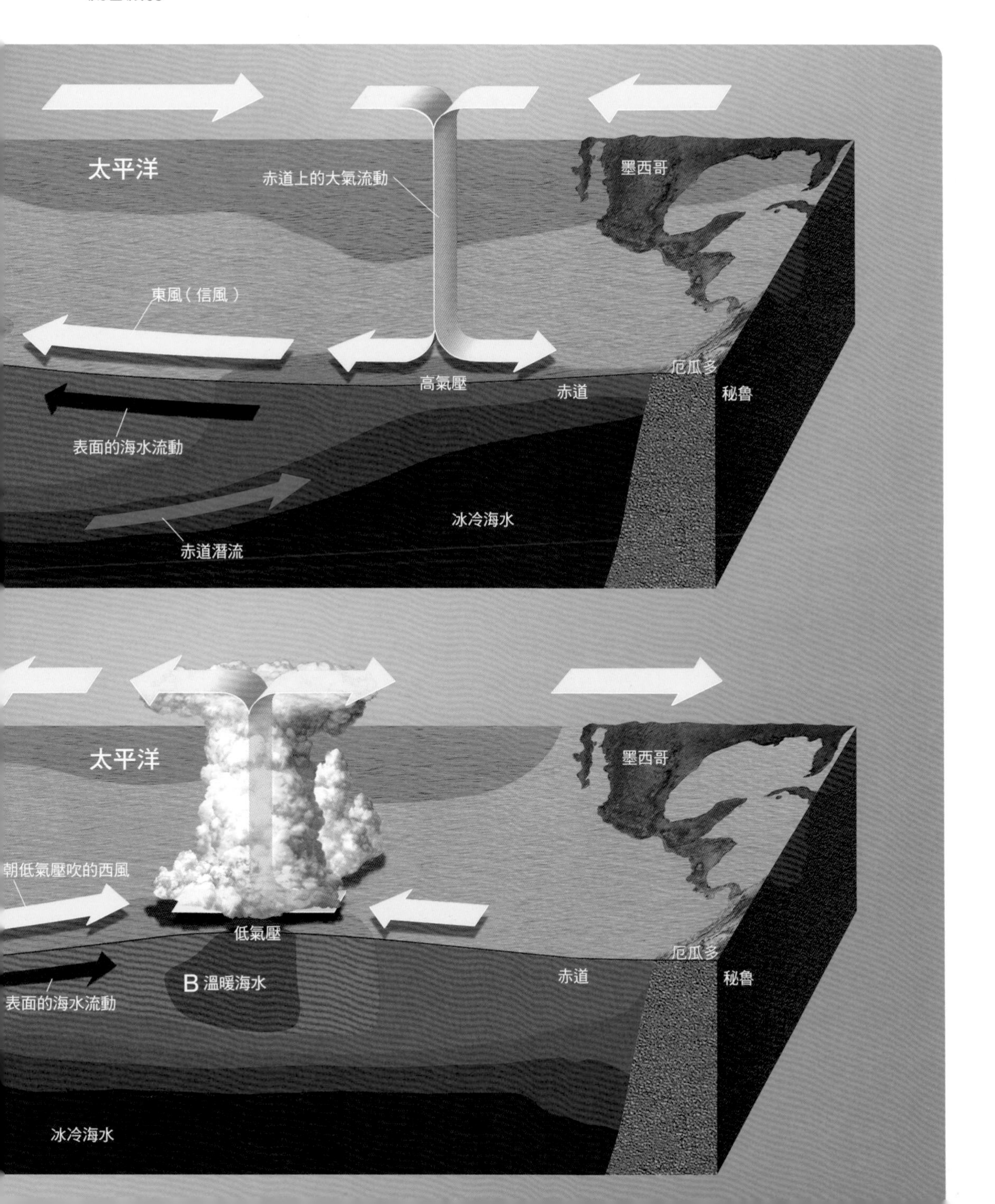

聖嬰現象造成世界各地出現異常氣象

發生聖嬰現象時，赤道上方的大氣流動大幅改變，低氣壓（上升氣流）與高氣壓（下沉氣流）的生成區域與往年大不相同。結果，過去由於低氣壓盤據而持續降雨的地區，反被高氣壓籠罩而乾燥無雨；過去由於高氣壓籠罩而乾燥無雨的地區，反被低氣壓盤據而陰雨綿綿。

赤道上的氣壓變化也會影響到赤道周圍的氣壓，而聖嬰現象更是對世界各地的氣壓造成一連串影響。這種會影響遠方地區氣壓的連動現象，稱作「遙相關」(teleconnection)。

下圖為聖嬰現象發生時，世界各地在6～8月期間的氣溫與降水量變化示意圖。由圖可知海水溫度的上升，會讓遠在太平洋海域的

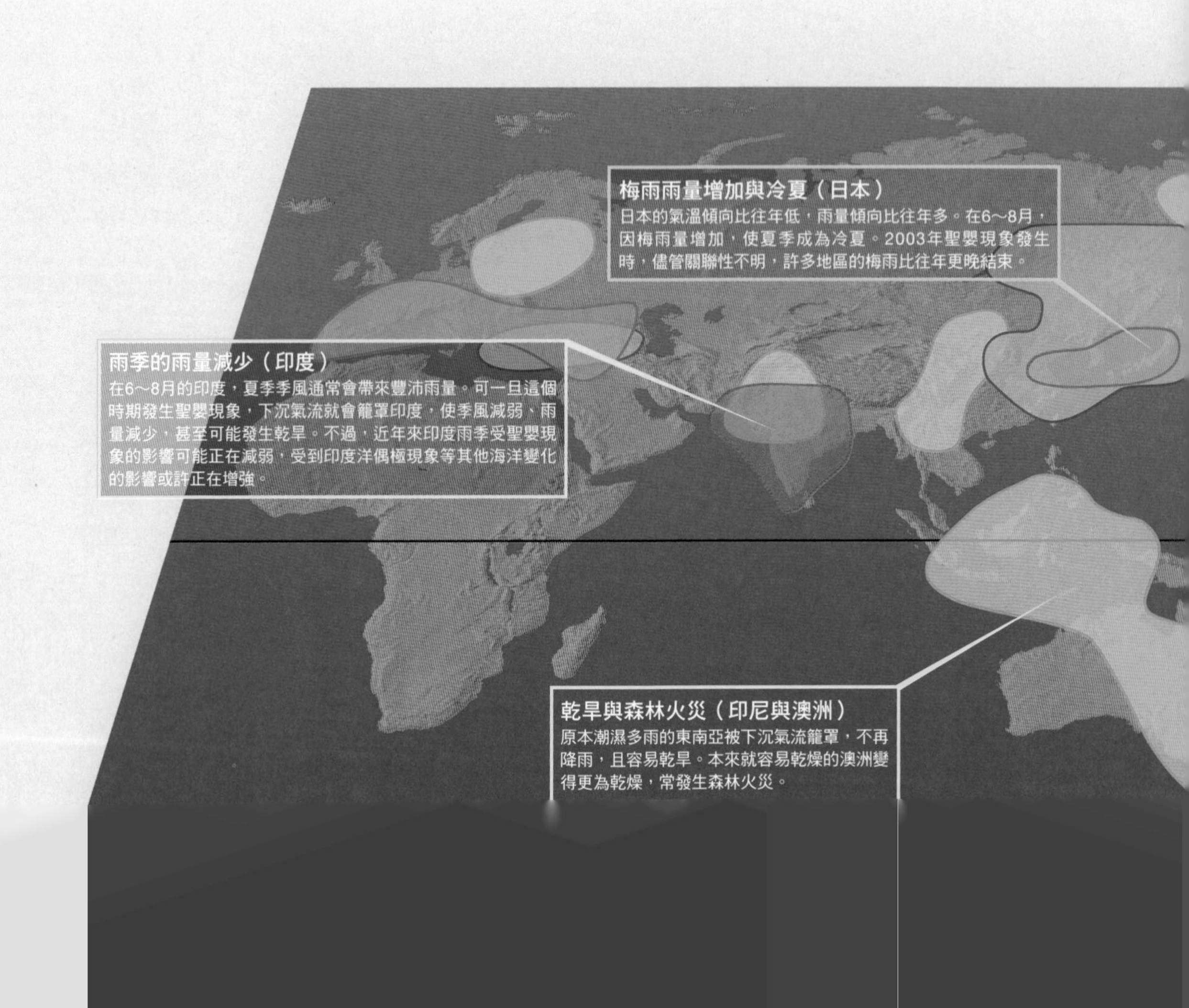

日本出現「多雨」（綠色）、「低溫」（淺藍色）的現象。

1920年代，科學家發現在太平洋熱帶地區的東西側，高氣壓與低氣壓會像蹺蹺板一樣交替出現，這種現象稱作「南方震盪」（Southern Oscillation）。1969年，美國的氣象學家比耶克內斯（Jacob Bjerknes，1897～1975）指出，這種南方震盪的大氣現象與聖嬰現象的海洋現象有著密切關係。如今是將聖嬰現象與南方震盪視為同一現象，並取其首字母，稱作「ENSO」（聖嬰南方震盪）。海洋與大氣為一個整體，影響著全球的天氣。

影響全球的聖嬰現象

6～8月發生聖嬰現象時，各地的氣溫與降水量變化示意圖。圖中以不同顏色表示不同的影響。單單是東部太平洋的海面水溫上升幾℃，影響就會擴及到全球。

本圖僅列出聖嬰現象可能會引發的變化，並不代表一定會發生。且這些變化也可能由聖嬰現象以外的現象造成，譬如發生在印度洋等的水溫變化。此外，各地異常天氣通常由多種原因造成，很難歸因於單一現象。

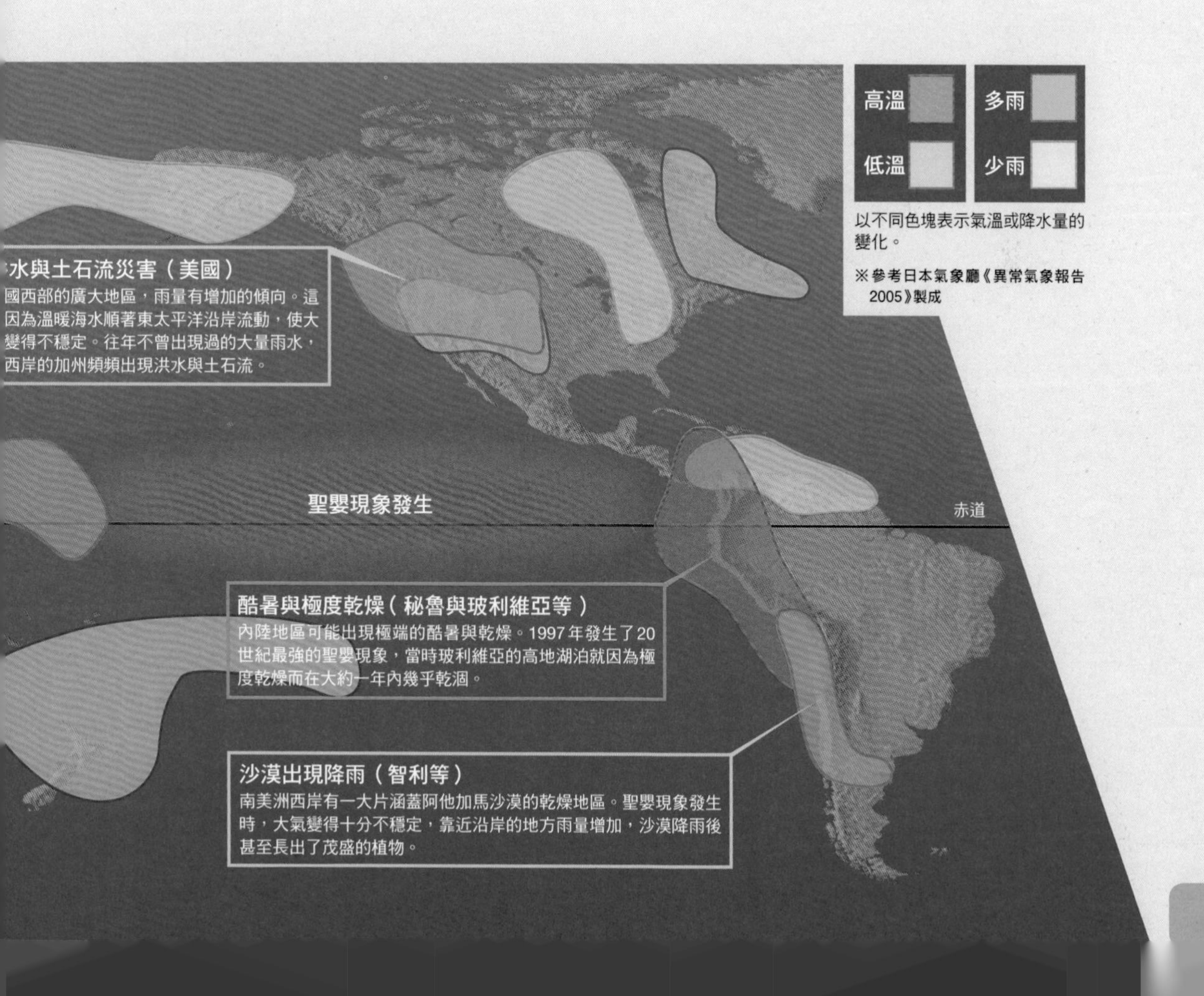

在印度洋產生的海洋與大氣連鎖反應

ENSO（聖嬰南方震盪）這種海洋與大氣連動的現象並非是太平洋獨有。印度洋也有所謂的「印度洋偶極現象」（Indian Ocean Dipole，IOD）。這是1999年日本東京大學山形俊男教授等人發現的現象。

通常在印度洋的赤道附近，溫暖海水的分布以東部為中心。可一旦由於某些原因，使來自東南方的信風變得強勁，就會將溫暖海水往西吹送。當印尼附近的表層海水往西流動時，下層的冰冷海水就會上湧（沿岸湧升流）。這會造成西部海水溫暖、東部海水寒冷，異於平常的海面水溫分布，這就是印度洋偶極現象（IOD）。

IOD發生時，原本在印度洋東部生成的上升

印度洋偶極現象對世界各地的影響

IOD發生時，以印度洋為中心的大氣流動示意圖。IOD發生時，印尼附近會生成下沉氣流，容易引發乾旱現象與森林火災。印尼附近的下沉氣流北上至喜馬拉雅山脈等山地時，會因為地形而上升，使印度東北部、中國東南部、菲律賓等地容易降雨。而在中國東南部與菲律賓附近的上升氣流，會在日本附近形成下沉氣流，使高氣壓變得活躍。這會減少日本的降雨，形成酷暑。

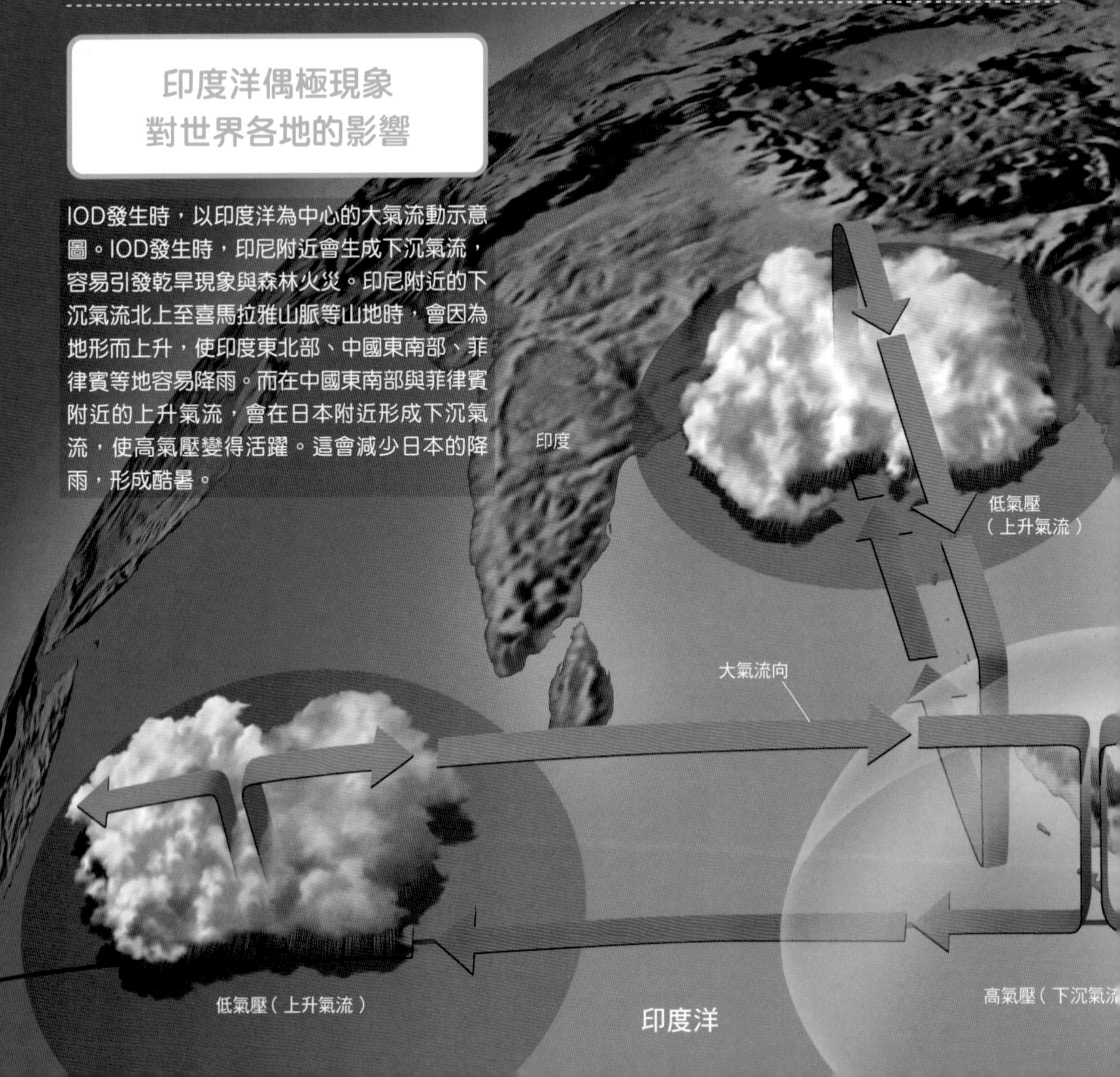

氣流（低氣壓）會往西移動，使印度洋東部形成下沉氣流（高氣壓）。這會讓非洲東部雨量增加，印尼與澳洲附近的雨量減少。再者，印度、中國、菲律賓等地的低氣壓變得活躍，雨量增加；日本附近的高氣壓增強，雨量減少。若夏季發生IOD現象，日本的氣溫就會因為高氣壓增強而不斷攀升，成為酷暑。

IOD平均每7年會發生一次。不過2006年、2007年、2008年卻連續三年都發生了IOD這種異常狀態。在這段期間內，非洲東部出現洪水，澳洲則有乾旱情況等。世界上許多氣候異常現象都被認為與IOD有關，但詳細的發生機制尚有待查明。

溫暖的海水
往東西方向移動

平時，印度洋會吹起來自東南方的信風以及微弱的西風，使溫暖海水在印度洋東部累積（下圖）。不過，東南方的信風增強時，會將溫暖海水往西吹送（最下圖），產生印度洋偶極現象（IOD）。IOD通常始於5～6月，終於12月左右。稱為「偶極」是因為IOD會讓印度洋「東」、「西」兩端的海水溫度及氣壓上下變動。

全球暖化使得海平面不斷上升

根據聯合國「政府間氣候變化專門委員會」（IPCC）的報告，21世紀的前20年（2001～2020）世界平均氣溫比1850～1900年的平均氣溫足足高了0.99（0.84～1.10）℃。過去地球從冰期轉變成間冰期的暖化過程中，每100年大約只有上升0.1℃而已。可見目前的地球暖化速度遠比過去更快。

海平面上升是全球暖化造成的現象之一。IPCC的報告指出，到了21世紀末全球平均海面水位會上升28～101公分。

為什麼全球暖化會造成海平面上升呢？其中一個原因在於，暖化使氣溫上升時，海水

格陵蘭的冰川

僅次於南極冰層的格陵蘭冰層規模為世界第二大，不過從1990年代起便逐漸縮小，在1992年到2020年間流失了48900 ± 4600億噸的冰。這會讓海平面上升3.5±1.35毫米。同時期的南極冰層也流失了大約一半的冰。

※參考自IPCC第6次報告

與其他水體會吸熱膨脹。20℃左右的水膨脹率為每℃約0.02%。地球海水的平均深度約3700公尺，當海水上升1℃時，經由簡單的計算：3700（公尺）×0.0002＝0.72（公尺），可知海平面會上升大約70公分。

還有一點是當全球暖化時，冰川等陸地上的冰融化後流入海洋，造成海平面上升。

IPCC的《第六次報告書》（2021）中提到，全球平均海面水位在1901～2018年間上升了0.20（0.15～0.25）公尺。在1901～1971年間，平均上升率為每年1.3（0.6～2.1）毫米；1971～2006年間，平均上升率為每年1.9（0.8～2.9）毫米；2006～2018年間，平均上升率則高達3.7（3.2～4.2）毫米。可見平均上升率正在逐年攀升。

一般認為，人類生產活動製造出來的溫室氣體是全球暖化的主要原因之一，加速了海平面上升。

專欄 COLUMN

海平面上升使島嶼消失

印度洋、南太平洋諸島是深受全球暖化造成的海平面上升影響的地區之一。這些島嶼多由珊瑚礁形成，海拔相當低，幾乎沒有任何高山與高地。若海平面持續上升，這些國家的大片國土將會面臨沉到海平面之下的危機。

面臨這種狀況的國家包括印度洋的馬爾地夫，還有南太平洋的斐濟、吉里巴斯等島國。這些島國位於熱帶氣旋的生成海域，容易受到颱風與潮汐的影響。若海平面上升，這些國家的國土不僅會被海水吞沒，颱風與潮汐造成的災害也會變得更嚴重。

馬爾地夫由大約1200個島嶼構成，海平面上升讓許多島嶼面臨沉沒危機。

5
海洋與人類
The ocean and human

沉睡在海洋底下的石油、天然氣、礦物資源

下圖所示為全球海洋資源分布狀況。

粉色區域是水深超過300公尺的深海油田。近年來，海洋油田漸受矚目，甚至北海、墨西哥灣、巴西外海、西非外海等處的深水油田已經進入開採階段。

橙色部分為「錳殼」（manganese crust）

與錳（第188頁將詳細解釋錳殼與錳核）。另外，黃點是已確認的「海底熱液礦床」（第190頁將詳細解釋）。

由此可以看出世界各地的海洋皆蘊藏著各式各樣的資源。

全球的海洋資源

沉睡在全球海底的油田、錳殼、錳核，以及海底熱液礦床分布示意圖。

※：油田分布參考自日本能源與金屬礦物資源組織（JOGMEC）的資料，其他資源的分布參考自《海底錳礦床的地球科學》製成。

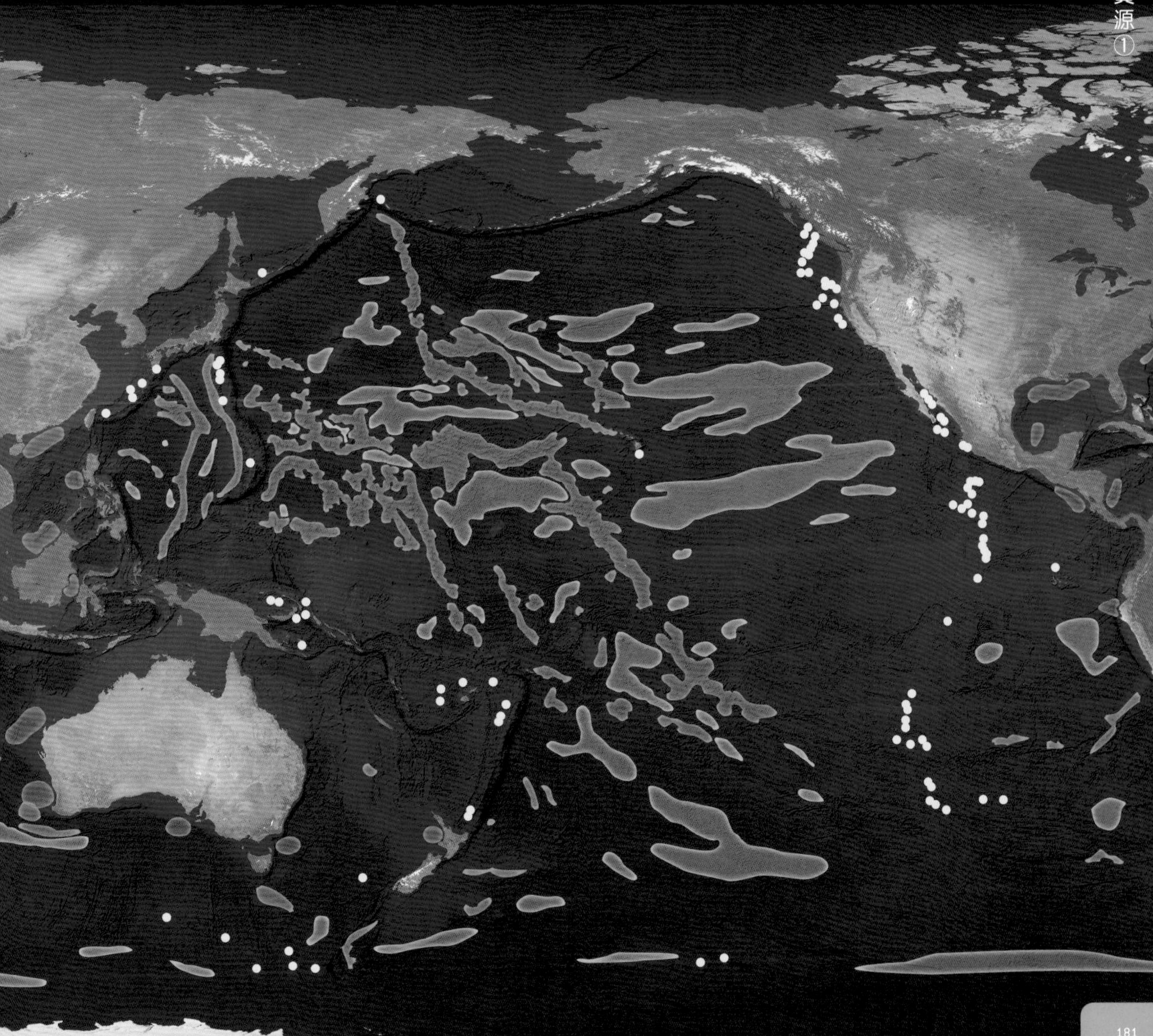

沉睡著各種資源的日本近海

日本過去有「黃金之國」的美名，擁有許多礦物資源。目前許多陸地的礦場皆已封閉，不過近海仍蘊藏著各種礦物資源與能源。

譬如稱為「可燃冰」的「甲烷水合物」，就是含有天然氣主成分甲烷的冰。研究人員曾在日本近海的海底測試性地掘井開採，並成功取得甲烷。

除此之外，針對「錳殼」、「錳核」（錳團塊）、「稀土泥」等礦物資源的調查工作也陸續展開，已知日本近海海底蘊藏了多種有用且高價的金屬資源。

另外，在火山活動的海域可以看到「海底熱液礦床」（submarine hydrothermal deposits），這裡的金屬含量相當豐富，有望能採集大量金屬。目前也在開發能提取溶於海水中的多種有用物質的新技術。

日本近海的海洋資源

日本近海的海洋資源如地圖所示。綠色為甲烷水合物，橙色為錳殼，淺藍色為錳核，黃點為海底熱液礦床的分布。

日本專屬經濟海域（EEZ）

專屬經濟海域的最遠範圍是該國海岸線往外推200海里（約370公里），該國可獨占這個海域範圍內的能源和資源，不受其他國家侵害。四周環海的日本其領海與專屬經濟海域的合計面積為世界第六，海洋資源十分龐大。地圖中以白色虛線所示的範圍即為日本專屬經濟海域。

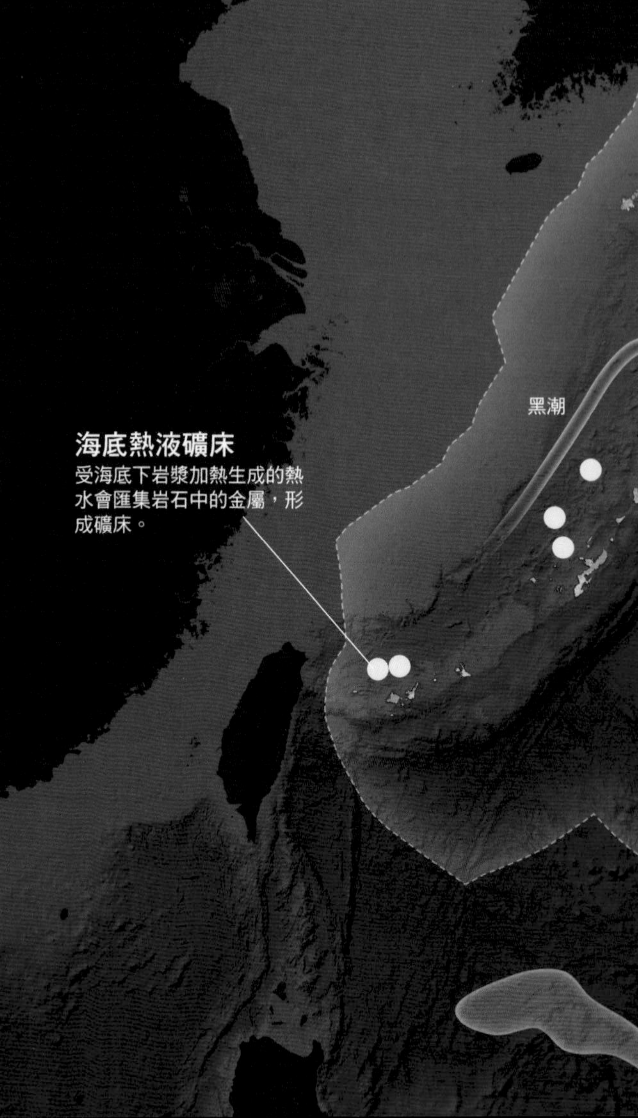

海底熱液礦床
受海底下岩漿加熱生成的熱水會匯集岩石中的金屬，形成礦床。

黑潮

地圖製作：DEM Earth
地圖資料：©Google Sat

甲烷水合物
錳殼
錳核
海底熱液礦床

甲烷水合物

天然氣的主成分甲烷被水分子包覆，以冰封狀態埋藏在海底。

錳殼

分布於海底山的斜坡，以鐵、錳為主成分的氧化物。含有許多有用的金屬。

錳核

以鐵、錳為主成分的球狀氧化物，主要分布於平坦的海底。

南鳥島

拓洋第5海山

全球有3分之1的石油是從海底下方開採

石油與天然氣是相對便宜且穩定的能量來源，也是重要工業產品的材料，維繫著我們的文明社會。石油與天然氣一開始是從開採成本較低的陸地開始採集，後來移往淺海，接著又來到水深超過300公尺的「深水」海域開採。現在的技術甚至可以從水深3000公尺的海底再往下挖掘數千公尺，從中開採出石油與天然氣。

目前石油的開採量中，約有3分之1來自海底之下，不過這些石油大多是在淺海開採。未來陸地與淺海的油田可能會枯竭。倘若水深超過300公尺的深海、過去一直避免開發的北極圈海底也在符合現今成本效益的開採範圍內，那至今開採出來的石油量估計僅占石油總量的3分之1左右。

油田與天然氣田的形成

下圖為生物遺骸埋藏在地底，變質成石油及天然氣，最後形成油田或天然氣田的過程示意圖。右表所示為地下深度（或溫度）與石油及天然氣的生成關係。

石油、天然氣的生成條件

地下與海底下的深度（或溫度）與石油及天然氣生成量的關係。若生物遺骸深埋在地下高溫環境，經過很長一段時間就會變質成石油及天然氣。超過60℃時，產物以石油為主；若埋得更深而超過150℃，產物以天然氣為主。

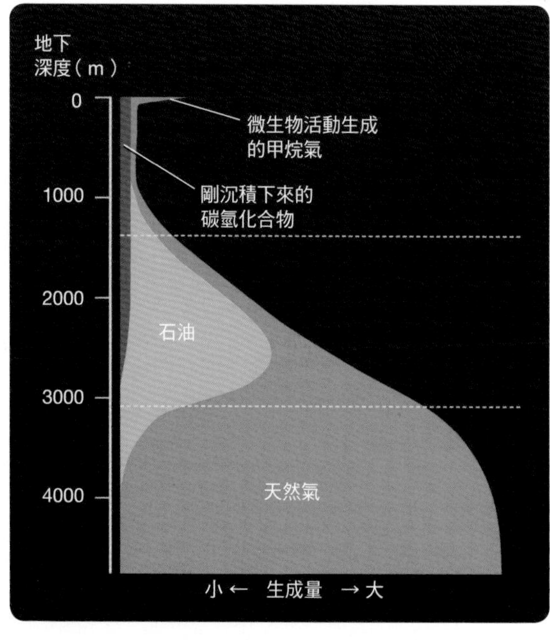

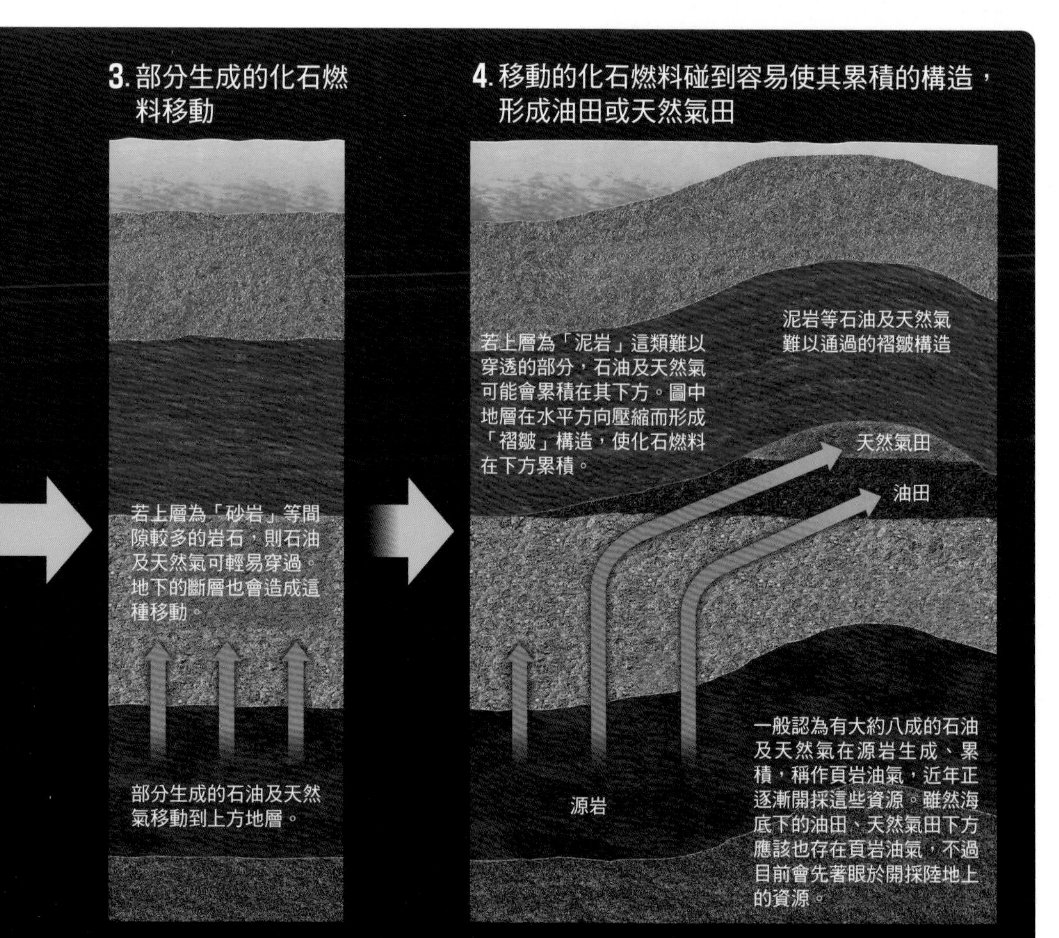

從海底下的「可燃冰」提取甲烷氣

日本並沒有石油、天然氣等能源，現在絕大多數的能源都得仰賴進口。不過，已知日本近海的海底下埋藏著含「甲烷」的似冰物質（稱為甲烷水合物），而且有一部分露出海底。甲烷為天然氣的主成分，若是符合開發成本效益又能夠開採出相當數量的話，甲烷水合物或許有機會成為日本的國產能源。

甲烷水合物中，甲烷分子處於被水分子構成的「籠子」封閉的狀態。水與甲烷在低溫高壓狀態下，就會形成這種結構。在日本近海水深500公尺處，海水溫度約為5℃左右、壓力約為50大氣壓，滿足甲烷水合物的存在條件。不過，由於甲烷水合物的密度比水小，處於海水中會上浮，所以只有封閉在海底下的甲烷水合物才能穩定存在。

另一方面，從海底往下深入時會受到地熱影響，越深的地方溫度越高，所以甲烷水合物也沒有辦法在海底深處穩定存在。儘管也會因為水深及地熱等條件而有所差異，不過就日本周邊海洋而言，一般認為若深入到海底下300公尺以下的地方，甲烷水合物會越來越難以穩定狀態存在。

甲烷水合物的結構

由水分子構成的籠狀結構中，收納著一個甲烷分子。水分子構成的籠狀結構可以分成由正五邊形構成的正十二面體（左圖），以及12個正五邊形與2個正六邊形構成的十四面體。這兩種多面體規則排列，便會形成右圖般的晶體結構。

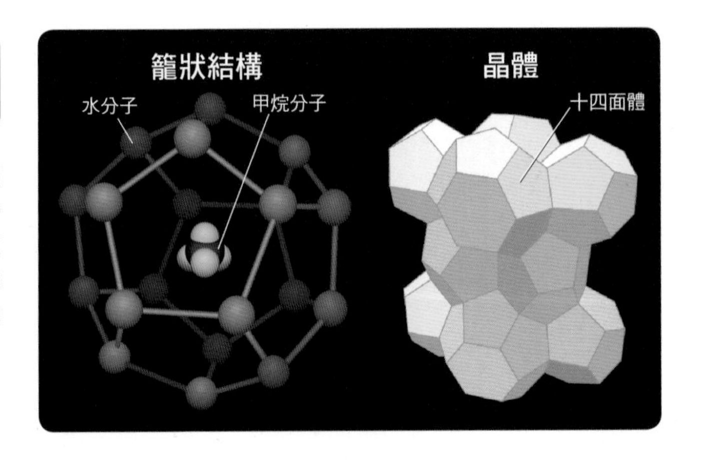

海中的甲烷水合物

在日本新潟縣外海上越海丘拍攝的甲烷水合物。有部分自海底露出。

太平洋等海洋底部有許多「圓滾滾」的資源

太平洋等海洋的海底，主要有三種金屬資源。

從平坦海底到海底山等山頂的斜坡，經常有名為「錳殼」的資源分布。錳殼的主成分是鐵與錳的氧化物，厚度為數公分至十多公分。

另一方面，平坦海底則分布著許多圓滾滾的「錳核」。錳核也叫作錳團塊，主成分也是鐵與錳的氧化物。外型為直徑2～10公分的球狀物，常分布於水深4000～6000公尺的深海，半數以埋沒在泥土中的狀態存在。

覆蓋海底表面的錳殼

於北大西洋西部拓洋第5海山拍攝的錳殼。可以看到錳殼廣布於海底的模樣。

已知這兩種資源皆含有未來價格可能會上漲的銅，以及各種稀有金屬（鎳、鈷、鈦、鉑等）。比起礦物的主成分鐵與錳，上述金屬在資源利用上反而比較受重視。其中，含有超過1％鈷的錳殼又特別稱作「富鈷結殼」（cobalt-richcrust）。錳殼的含鈷量似乎會隨著水深而改變。舉例來說，在水深較淺處的錳殼，鈷或鉑的含量似乎比較高。

第三種金屬資源是「稀土泥」，稀土泥中含有高科技產業不可或缺的「稀土元素」（rare earth element）。近年來發現在大洋某些地方，海底下數公尺～十多公尺深處沉積著許多稀土泥。

問題在於如何開採這些資源。目前還沒有找到能從數千公尺的深海回收這些資源，卻又符合經濟效益的開採方式。

密布於海底的錳核

於菲律賓海帕里西維拉海盆拍攝的錳核。海底的一顆顆球狀物體就是錳核，但大部分地區的錳核不會排列得如此密集。

SECTION
70

Submarine hydrothermal deposit

海底熱液礦床

海底的「礦山」熱液礦床

日本近海為「板塊」（覆蓋地球表面的岩板）的隱沒帶，板塊會隱沒至其他板塊底下。這個地帶的火山活動十分活躍，也常出現含有大量有用金屬的「海底熱液礦床」。

首先，僅數℃的低溫海水會滲入海底裂縫，而且這些海水非常普通，未含有特別多的有用金屬。在火山活動活躍的地方，海底下的岩漿相對較淺，故海底下的岩石會因為受熱而大幅升溫。滲入海底的海水通過炎熱的岩石時，會上升至數百℃的高溫（因為高壓的緣故，即使超過100℃仍是液態）。高溫的水可以溶解許多物質，於是周圍岩石中的各種金屬陸續溶解至熱水中。

溶有高濃度金屬的熱水最後滲出海底，這些熱水的出口會形成「海底熱泉」。熱水從海底熱泉噴出，溫度降低導致大量金屬陸續析出。這些析出物會形成煙囪般的結構，可稱之為「煙囪」（chimney）。

煙囪本身就含有大量有用金屬，且周圍也有許多從煙囪崩落的碎片、熱水噴出後析出的物質沉積。此外，也確認到某些海底熱泉底下有大片礦床，是在熱水噴出前金屬析出而形成，堪稱海底礦山。事實上，部分陸地的礦山就是海底熱液礦床隆起而成。

問題在於如何降低開採成本

若要將海底熱液礦床作為資源加以運用，就必須將其拉到海面才行。目前正在研究的方法包括打碎煙囪後拉到海面，或是在地下熱水蓄積處鑽井，形成人造海底熱泉，然後在噴出口設置人造台座使煙囪成長，再將其拉到海面等等。就目前而言，大概很難用符合成本效益的方式，從海底熱液礦床開採有用金屬。但如果能開發出成本較低的開採方式，或者金屬資源的價格升高，開採這些資源就有可能獲利。

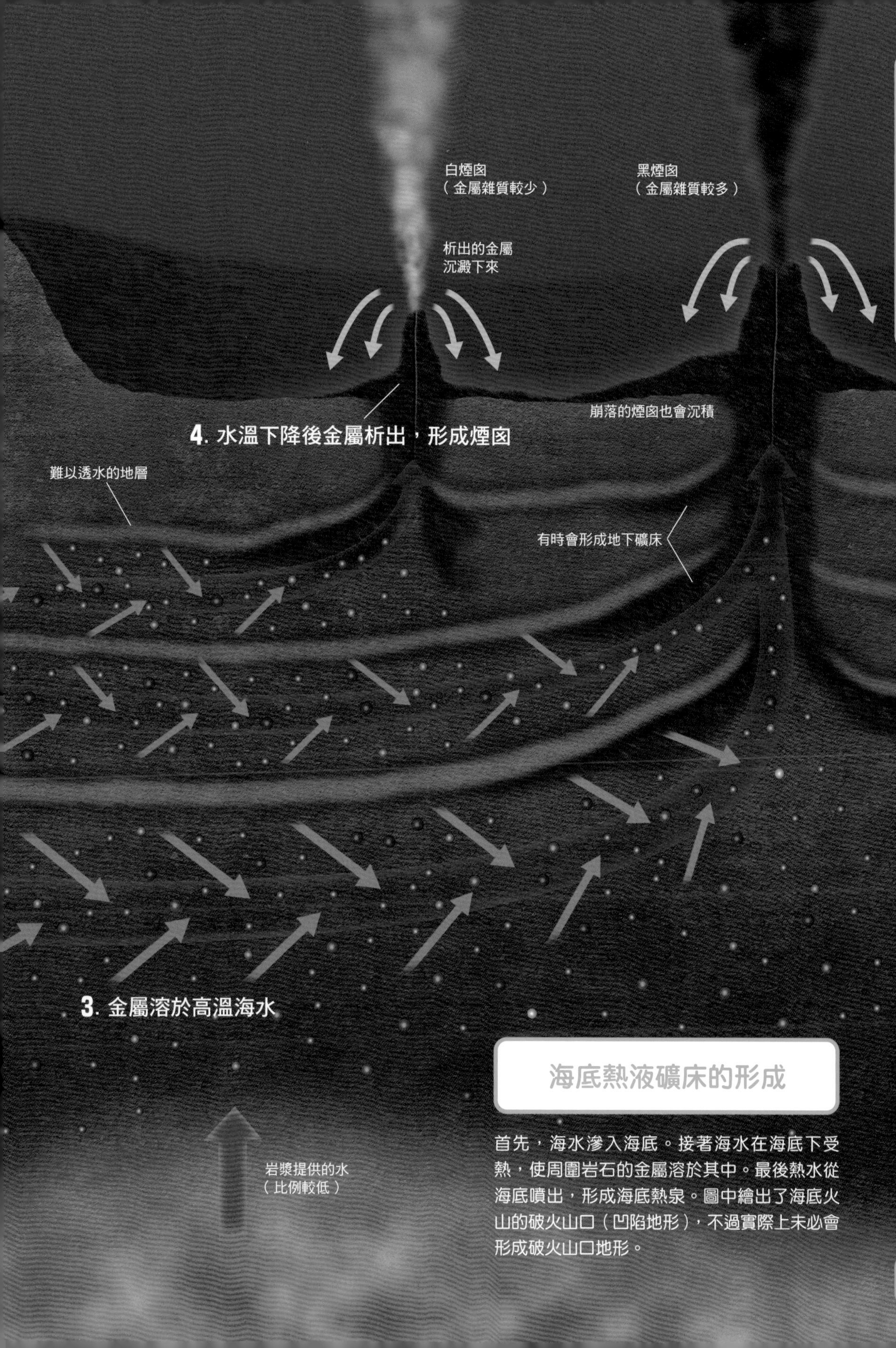

白煙囪
（金屬雜質較少）

黑煙囪
（金屬雜質較多）

析出的金屬
沉澱下來

崩落的煙囪也會沉積

4. 水溫下降後金屬析出，形成煙囪

難以透水的地層

有時會形成地下礦床

3. 金屬溶於高溫海水

岩漿提供的水
（比例較低）

海底熱液礦床的形成

首先，海水滲入海底。接著海水在海底下受熱，使周圍岩石的金屬溶於其中。最後熱水從海底噴出，形成海底熱泉。圖中繪出了海底火山的破火山口（凹陷地形），不過實際上未必會形成破火山口地形。

採集溶於海水中的資源

自然界中的元素幾乎都可以在海水中找到。海水中最多的元素為氯與鈉。人類自古以來就會從海水中取得氯與鈉的化合物——食鹽，並加以生產、利用。含量較多的元素如鎂、碘等，目前也找到了從海水中萃取這些元素的技術。

那麼含量較少的元素又如何呢？

以鈾為例，海水提煉鈾的技術已接近應用階段。鈾是核能發電的燃料，每噸海水約含有0.003公克的鈾。全世界的海水約有44億噸的鈾，這是陸地上鈾的可開採蘊藏量（依目前的市場價格，開採時符合成本效益的蘊藏量）的1000倍以上。不過，若要將這種低濃度的鈾作為資源加以利用，就必須提高從海

泰國的鹽田

食鹽是最普遍利用的海水資源。人類自古以來就懂得從海水中取得食鹽使用。

水中提煉鈾的效率才行。

提煉黃金不切實際 鋰則很有希望

除了鈾之外，從海水中提煉釩、鈷、鎳的方法也已經確立。但不管是要提煉哪種金屬，都需要考慮到成本效益，所以只有市價較高且海水中濃度較高的金屬，才能透過提煉海水來生產。舉例來說，黃金是價格很高的金屬，但1噸海水中只有0.00000002公克，濃度非常低，所以要從海水中提煉黃金可說是相當不切實際。

若是從海水中提煉鋰，可行性就相當高。目前的鋰大多開採自鹽湖湖水。鹽湖湖水的鋰處於濃縮狀態，在廣大占地使其自然蒸發經過一年以上，即可得到鋰。鋰資源本身並沒有枯竭的疑慮，但年產量有限，所以未來可能會面臨供不應求的狀況。如果能從海水中更有效率地提煉出鋰，將能發展成可觀的產業。

鈾礦

每噸的海水中含有約0.003公克的鈾。目前已經能透過特殊纖維吸附海水中的鈾，成功提煉出來。除了鈾之外，這種方法也會同時獲得釩、鈷、鎳。

精煉後的鋰

作為鋰電池材料而需求大增的鋰，或許也能從海水中提煉。目前已經有利用電池的原理，從海水中分離出鋰且同時生成電能的技術。

海洋或許蘊藏著很大的能源潛力

至今研究人員已提出了許多透過海洋來發電的想法。譬如用黑潮轉動水輪來發電的「洋流發電」、在海上設置風車的「離岸風力發電」、用波浪的力量發電的「波浪發電」、用海洋上下層溫度差發電的「海洋溫差發電」等。

洋流發電、潮汐發電

日本近海有世界兩大洋流之一的黑潮（日本洋流）。若在黑潮設置水輪並與發電機連動，便可以利用黑潮來發電，這就是「洋流發電」。日本已於2017年進行過實證實驗，目前正在研究如何實用化。

在沿岸區域，譬如日本的津輕海峽、明石海峽等地，則可以運用海峽流速較快的潮流來發電，稱作「潮汐發電」。不過海峽通常是船隻通行的航道或漁場所在地，所以不大方便設置水輪。

離岸風力發電

海上的風能比陸地強。雖然在設置相關建設時可能會妨礙到漁業工作，不過離岸風力發電裝置不用擔心噪音問題，還可以設置大型風車。

目前已有許多固定式的離岸風力發電在運作。不過日本適合設置固定式風力發電機的

離岸風力發電

丹麥卡特加特海峽的離岸風力發電。

地方並不多，所以目前正在研發「漂浮式」風力發電機。

波浪發電

波浪的能量也可用於發電，此即波浪發電。若將拍打日本海岸線的波浪總功率換算成電力，估計可達36000兆瓦。這相當於30個標準核能發電廠的發電功率，能量相當龐大。波浪發電的發電功率會因為波浪狀況而有所差異，但與太陽能發電或風力發電相比，其變動幅度明顯較小。

目前研究人員已提出了多種波浪發電的方式，甚至部分已經實用化。

海洋溫差發電

海洋溫差發電是利用低溫（數℃）深海海水，與海面附近的溫暖海水之間的溫度差，驅動渦輪發電的方式。

首先，以海面的溫暖海水加熱氨之類的低沸點物質，使其氣化轉動渦輪，接著再用從深海抽取上來的冷水冷卻氨，使其變回液態，再一次用海面的溫暖海水加熱氣化……持續這樣的循環。從深海抽取海水所需的能量並不多。

海面與深海的溫度差越大，海洋溫差發電的效率越好。深海海水溫度僅有數℃，因此這種方法相當適合在海面溫度較高的地區（也就是低緯度地區的海洋）運用。就日本而言，或許可以在琉球群島或小笠原群島等地進行海洋溫差發電。

維繫日本飲食生活的海洋與漁業

日本是島國，再加上有綿長的海岸線、佛教的影響等，日本人比較少食用陸地上的動物，所以自古以來魚貝類就是重要的蛋白質來源。

江戶時代，漁業技術並不發達。以沿岸地區使用小漁船進行小範圍捕撈的沿岸漁業，以及在沙灘使用大型拖網捕魚的「地引網漁」為主。到了明治時代，使用蒸汽機與引擎驅動的船舶技術自西方傳入，能到更遠的地方進行大規模捕撈，水產品的漁獲量也大幅增加。

第二次世界大戰以後，為了解決糧食不足的問題，漁業規模進一步擴大，長年維繫著日本人的飲食生活。雖然因為食物多樣化讓消費量過了巔峰時期而開始下降，日本仍是世界著名的魚貝類消費國家。

各種漁業

漁業可以分成三種：在距離本國領土遙遠的海上進行的遠洋漁業、在距離陸地較近的海上進行的沿岸漁業，以及介於遠洋漁業與沿岸漁業之間的近海漁業。此外，還有在河流、湖泊等處捕撈魚貝類的內水面漁業（inland fishery，又稱內陸漁業），不過漁獲量較少。

遠洋漁業

由許多漁船構成的船隊，耗時數月至一年以上進行的漁業。漁獲以鮪魚、鰹魚、烏賊等為主。過去遠洋漁業還有捕撈鯨豚，但如今只占所有漁獲量的一成以下。照片為遠洋漁業捕撈到的鮪魚在海鮮市場卸貨的情景。這些漁獲得在零下60℃的環境冷凍保存。

近海漁業

在比沿岸更遠的地方進行的中規模漁業。除了捕撈鰹魚、鮪魚之外，也會捕撈鮭魚、鱒魚、竹筴魚、鯖魚、秋刀魚、烏賊、螃蟹等各種魚貝類。目前近海漁業約占總漁獲量的一半。照片為近海漁業的烏賊船，裝有成排的集魚燈，利用烏賊的趨光性進行捕撈。

沿岸漁業

在當天來回的沿岸地區進行的小規模漁業。漁獲多為竹筴魚、鯖魚、沙丁魚、鯛魚、鱈魚等。目前約占總漁獲量的兩成。照片為沿岸漁業捕魚法中的魚類定置網漁法，是利用魚類會沿著漁網游動的習性進行捕撈。

專欄 COLUMN　養殖業

相較於直接捕撈，養殖食用魚貝類的漁業稱為養殖業。養殖業有易於管理產量及品質的優點，若能做到完全養殖（卵→成魚→卵的循環皆能在人工環境下達成），還可以防止漁業資源枯竭。不過，也有大量飼料可能會讓水質惡化，以及購買飼料與設備要花成本等缺點。

牡蠣的養殖情況。

水產資源的保護措施

水產品是貴重的蛋白質來源，全球漁獲量、養殖業產量年年持續增加。其中，日本更是世界數一數二的魚類消費國，按國區分的年均消費量為327萬噸，位居全球第七（2017年）。不過，水產品並不能無限供應。近年來，漁獲量增加造成的資源枯竭問題漸受重視，提倡資源管理的呼聲也與日俱增。

日本以1996年制訂的「有關海洋生物資源的保存及管理法律」（TAC法）為基礎，訂定了各種魚類的可捕獲量，確保水產品的穩定供給。世界各國則透過「聯合國公海漁業協定」（UNFSA）管理公海（不屬於任何國家的海域）的漁獲量，除此之外還有國際性組織「鰹鮪類地區漁業管理機構」在監管鰹魚與鮪魚的捕撈量。日本國內外還會為遵守規定的漁業業者提供認證，防止過度捕撈以保護資源。

全球漁業、養殖業的產量變化

1968年的水產品漁獲量及產量為6300萬噸，這個數字在50年後增長為大約3.5倍 — 2018年為2億1000萬噸。

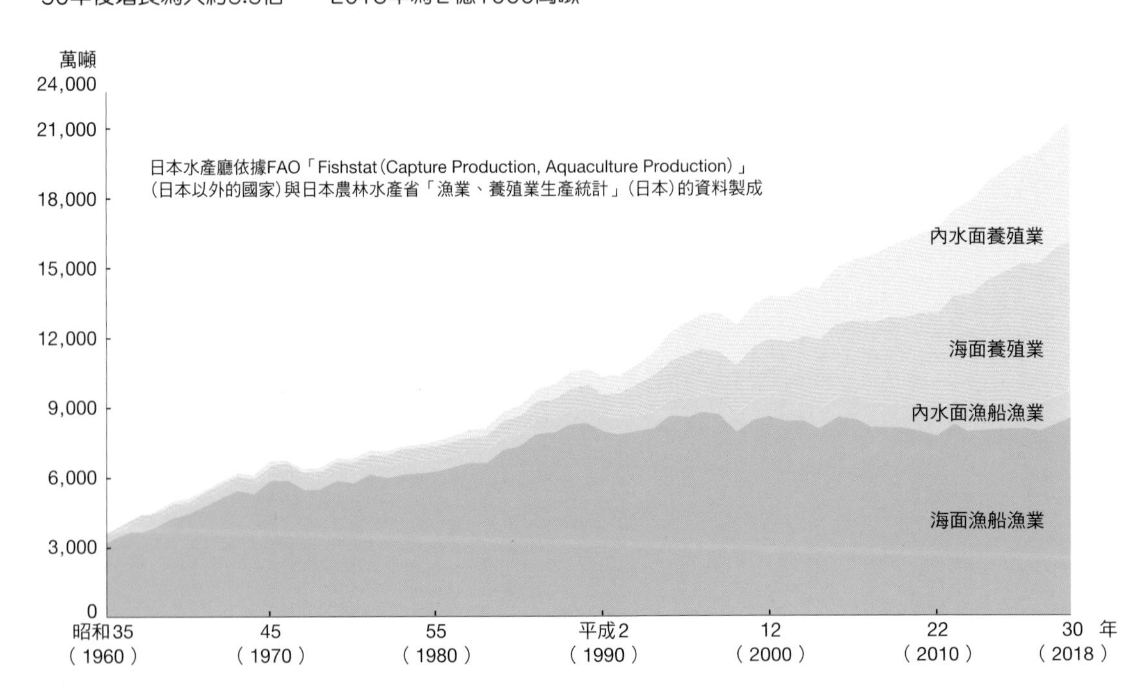

各種認證制度

如本頁所示，水產品有各種認證制度。

日本海洋生態標章

水產資源永續利用、積極參與保護生態系活動的生產者、加工與物流業者，其產品得以使用日本海洋生態標章。

MSC「海洋生態標章」

在水產資源管理與環境管理方面取得MSC認證的漁業業者，其產品可取得MSC標章。由國際性非營利組織MSC（海洋管理協會）推動。

ASC認證標章

以永續方式經營、善待周遭自然環境與地方社會的養殖業者產品，經國際性組織水產養殖管理協會（ASC）認證，可取得「友善養殖水產品」的認證標章。

專欄 COLUMN

使用AI的高科技漁業

近年來，使用人工智慧（AI）預測魚群位置的高科技漁業已投入實用。該程式是以資深漁夫的經驗為參考數據，並結合當天氣象條件等來分析「何時、何地、有何種魚群出沒」，大幅增加了漁業效率。將來有望推出可計算「某種魚在哪裡能賣多少錢，應捕撈哪種魚才能使獲利最大化」的程式，目前仍在持續研究中。

基本用語解說

大西洋
歐洲、非洲、南北美洲包圍的海洋。

大陸棚
靠近陸地的海底，傾斜度相對較小的地形。

公海
在內海、領海、專屬經濟海域、群島水域之外，主權不屬於任何特定國家的海域。

太平洋
歐亞大陸、澳洲、南極洲、南北美洲包圍的海洋。

引潮力
產生潮汐的力量。

日本海
日本列島、朝鮮半島、歐亞大陸東北端包圍的海洋。平均水深約1350公尺，有利曼洋流（寒流）、對馬洋流（暖流）通過。

北冰洋
以北極為中心的海洋，被歐亞大陸、北美洲、格陵蘭包圍。

生產者
可以用無機物合成出有機物的生物，譬如能行光合作用的植物。

生態系
某個環境與棲息於該環境之所有生物構成的系統。

甲殼類
節肢動物的一種。包含蝦、蟹、藤壺、鼠婦等動物。

白化
海水溫度上升時，蟲黃藻離開珊瑚，使其變白的過程。

光合作用
植物等生物以光能合成有機化合物的反應。

冰山
冰川或冰層流至海洋時形成的巨大冰塊。

冰川
雪經壓縮形成的冰，會因為自身重量而流動。

印度洋
歐亞大陸、非洲、澳洲包圍的海洋。

色素細胞
是指變溫動物的色素細胞。細胞內的色素顆粒凝聚、擴散可以改變細胞的顏色。

氘
原子核由一個質子與一個中子構成的氫同位素，英文為deuterium。

卵生
有性生殖中，子代以卵的形式從母體出生的發育方式。

岩漿
由地函的岩石熔融而成。含有大量水蒸氣、二氧化碳、二氧化硫等物質，可作為有機物的材料。

岩礁
隱藏在海面下，或者有一小部分凸出海面的大塊岩石。

東海
由日本九州、琉球群島、臺灣、歐亞大陸東端包圍的海洋，平均水深僅200公尺，相當淺。

板塊
十多塊覆蓋地球表面的板狀岩盤。厚約100公里，以每年數公分的速度緩慢移動。

泥灘
因潮汐而常在水中的平坦泥濘地區。

肺魚類
以肺呼吸的魚類總稱。

南冰洋
包圍南極洲的海洋。

洋流
通常朝著固定方向流動的海水。由潮汐造成的「潮流」流動方向並不固定，故不屬於洋流。

洋脊
有陡峭斜坡的細長高聳海底山脈，包括位於大洋中央的「中洋脊」。

珊瑚
刺絲胞動物門的生物。擁有石灰質骨骼的珊瑚稱作造礁珊瑚，造礁珊瑚會與蟲黃藻共生以獲得能量。

珊瑚礁
由造礁珊瑚骨骼堆積而成的地形。

科氏力
作用於在旋轉體上運動之物體的假想力。當旋轉體呈逆時鐘方向旋轉時，科氏力方向往右；旋轉體呈順時鐘方向旋轉時，科氏力方向往左。

胎生
有性生殖中，子代在母親腹中成長到一定程度再出生的發育方式。

食物鏈
生產者、消費者、分解者等生物間的捕食與被捕食關係。

洄游魚
在海洋、河流等地大範圍移動的魚類總稱。

消費者
以植物光合作用合成的有機化合物為食，或是以其他消費者為食的生物。

海底熱泉
受地熱加熱的熱水從地面龜裂處噴出的熱泉。溫泉及間歇泉也屬於熱泉，在深海海底的特別稱為「海底熱泉」。

海洋哺乳類
在海中生活的哺乳類。

海盆
位於深海海底，周圍被海底山、洋脊等「山」包圍的盆地狀地形。日本列島周圍有日本海盆、大和海盆、對馬海盆、四國海盆等。

海溝
水深6000公尺以上的細長溝狀海底地形。較淺且寬者稱作「海槽」。

浮游生物
在水中或漂浮在水面上生活，且沒有游泳能力的生物總稱。

浮游動物
不行光合作用，以捕食浮游植物等維生的浮游生物。

浮游植物
會行光合作用的浮游生物。

專屬經濟海域
從領海（沿岸國家主權所及的水域）的基線往外延伸200海里（約370公里）的水域。

深海
一般而言是指水深大於200公尺的深海，但沒有明確的定義。

軟骨魚類
骨頭皆由軟骨構成的魚類總稱，包括鯊魚、魟魚等。

魚類
脊椎動物的一種，在水中生活，一生皆透過鰓呼吸的生物。

渦潮
形成漩渦的強烈潮水流動。

硬骨魚類
體內有硬骨（含鈣）的魚類總稱。

黑潮
從東海流向日本列島太平洋側，由南至北的洋流，是日本近海的代表性暖流，也是全世界最大的洋流。

溫室氣體
可吸收紅外線能量，使地球暖化的氣體。包含水蒸氣、二氧化碳、甲烷、一氧化碳、氟氯碳化物等。

溫鹽環流
從海洋表層到深海，再從深海回到海洋表層的海水流動循環。

聖嬰現象
秘魯外海的海面水溫每隔數年就會變溫暖的現象，會對全球各地的氣象造成連鎖性變化。

漁業
在海洋、河流、湖泊等水域採集動植物的產業，也包含養殖業等。

潮汐
每天會發生２次的海水水位變化。由於地球的自轉與公轉，月球及太陽等天體與地球的相對位置有所變化，進而產生潮汐。

潮流
潮汐產生的海水流動。

潮間帶
乾潮時露出、滿潮時被淹沒的地方。

親潮
從千島群島流向日本列島東方的洋流，是日本洋流中的代表性寒流。

蟲黃藻
與珊瑚、海葵等共生的浮游植物。

Index

索引

A～Z

ASC認證標章 199
MSC海洋生態標章 199
TAC法 198

二畫

八目鰻類 89
十足目 92、93

三畫

三級消費者 82
凡爾納 109
口足目 93
大口海鞘 113
大王烏賊 114
大西洋 24
大陸棚 80、82、94
大彈塗魚 59
大潮 14、56
小笠原群島 195
小鬚鯨 84、85

四畫

中層 106
元素 30、192
公海 198
化學合成生態系 116、120
天然氣 182、184、186
太平洋 6、7、24、86、87、98、99、103、188
太平洋魷 94
引潮力 56
日本角鯊 97
日本扁鯊 97
日本海 25
日本海洋生態標章 199
日本異齒鮫 97
日本龍蝦 92
日本鬚鯊 97
木衛二 66
比熱 34
比熱容 161
水蒸氣 146、152、158
水壓 106
火星 66

五畫

北冰洋 16、17、25
北海 180
北極熊 82、87
半深海層 107
史佛卓 38
四級消費者 82
巨口鯊 97
永久冰 16
生產者 82
生態金字塔 82、83
甲烷 20、186
甲烷水合物 182、186
甲烷氣 182、186
甲殼類 80、92、93
白化 10、82、100、101
白瓜貝 116
白脊管藤壺 93
石油 184、185
石蓴 99

六畫

仿刺鎧蝦	118
全球暖化	34
冰山	18
冰川	18
冰河期	150
冰期	150
印度洋	25
同位素	63、64
地引網漁	196
地函	28、49、69
地震	54、68
有明海	58
氘	64
次級消費者	82
羽織蟲	116
耳烏賊	94
肉球近方蟹	92
自轉	56
色素細胞	94
艾克曼輸送	44、166、168
西村式豆潛水艇	109
西岸強化	47
西風帶	42

七畫

低氣壓	160、162、164、170、172、174
住囊	110
冷泉	116
卵生	88、89
完胸目	93
沙蠶	118
赤道潛流	168
赤蠵龜	90

八畫

初級消費者	82
奇異海蟑螂	98
姊妹白瓜貝	117
岩漿海	61、62
岩礁	92、93、94、98
岩灘	32、99
底棲生物	112
弧後盆地	120
抹香鯨	84、85、115
招潮蟹	58
明石海峽	194
東海	25
板塊	29、49、68、70、190
油田	180、184
沿岸漁業	196
波浪	52
波浪發電	194、195
泥灘	8、9、58
的里雅斯特	109
盲鰻	88、89
肺魚類	89
花笠水母	99
表層	107
金屬資源	188、190
長腕寄居蟹	93

九畫

信風	168、170、174
南冰洋	18、19、24
南極環流	36、38
南露脊鯨	85
洄游魚類	102、103
洋流	148、155、156
洋流發電	194
洋脊	49、68、120

津輕海峽 194
珊瑚 10、11、12、13、82、100、101
秋刀魚 102、103
科氏力 42、44、46、158、162、168
科里奧利 46
胎生 88、89
面蛸 94
風浪 52、54
食物鏈 82
食骨蠕蟲 118

十畫

哺乳類 82、83、84、87、89、96
夏威夷 33、49、70
核能發電 192
氣候 155
氣壓 152、158、160
浮游生物 8、80、84、93、96、102、103
浮游動物 82、83
浮游植物 82、83、110
海牛 87
海牛類 87
海底山 188
海底熱泉 20、116、120、122、190
海底熱液礦床 181、182、190
海洋哺乳類 80、86、87
海洋雪 110
海洋溫差發電 194、195
海洋資源 180、182
海參 112
海溝 49、68
海溝號 120
海獅 87
海嘯 54
海槽 69
海獺 87
海藻 80、82、99
烏賊 94、95、96
琉球群島 195
真烏賊 94
真蛸 94
馬里亞納海溝 28、49、68
馬蹄菸灰蛸 112
高氣壓 160、162、164、170、172、174

十一畫

乾潮 8、14、56、58、99
密紋泡螺 98
專屬經濟海域 182
彗星 62
梅雨 162、172
條鰭魚類 89
深水圈 108、109
深海 20、80、94、96、98、106
深海生物 80
深海魚 80
深海層 107
球粒隕石 64
疏卷枝海百合 113
章魚 80、94、95、96
軟骨魚類 88、89、96
透光層 50
魚類 80、82、83、88、89

十二畫

富鈷結殼 189
寒流 37、156
氯 192
港灣海豹 86
游泳生物 112
渦潮 14
硬骨魚類 89
稀土 189
稀土泥 182、189
稀有金屬 189
紫海綿 99
超深海層 107
超臨界水 122
鈉 192
間冰期 150、176
陽遂足 98
隆起 69
雲 152
飯蛸 94
黑煙囪 20、120
黑潮 37、38、40、42、103、194

十三畫

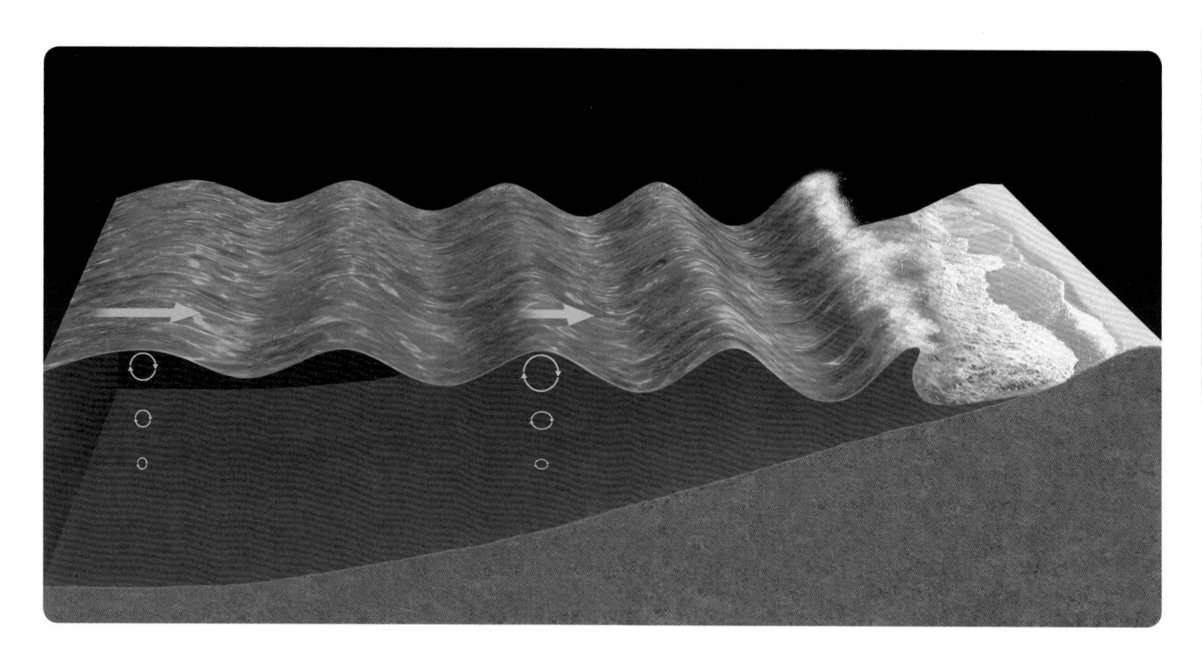

圓球股窗蟹	58
微行星	62、64
新仙女木期	150、151
暖化	10、16、150、176
暖流	37、156
溫室氣體	34
溫鹽環流	148、150
煙囪	116、190
鈾	192
雷氏光唇鯊	96

十四畫

對馬洋流	38
滿潮	8、56、58
漁業	196、198
漁業資源	198
漁獲量	196、198
裸鰆	88
遠洋風力發電	194
遠洋漁業	196
颱風	158

十五畫

墨西哥灣	180
潛水服	109
潛水艇	109
潛水鐘	109
潮汐發電	194
潮汐節律	58
潮流	14、15
潮間帶	8、98、99
熱水採樣器	120
熱容量	34
熱點	49、70
皺鰓鯊	97
緣海	25
蝦蛄	92、93
鋰	192
養殖業	197、198
齒鯨類	84、85

十六畫

儒艮	86、87
篩口雙線鰨	98
親潮	42、103
鋸鯊	97
錳核	181、182、188
錳殼	181、182、188
頭足類	82、94
龜足茗荷	99

十七畫

磷蝦	92、93
礁環冠水母	111
總鰭魚類	89
聯合國公海漁業協定	198
錘頭雙髻鯊	97
鮭魚	102、103

十八畫

蟲黃藻	12、100、101
鎧甲蝦	116
離岸風力發電	194、195

十九畫

鯨骨眉貽貝	118
鯨豚類	87
鯨落	118
鯨鯊	80、88、96

二十畫以上

礦床	190
觸腕	95、114、115
鰭腳類	82、87
鬚鯨類	84、85
鰹魚	102、103
鹽田	192
鹽腺	90
灣流	36

Staff

Editorial Management	木村直之	Design Format	小笠原真一（株式会社ロッケン）
Editorial Staff	中村真哉，竹村真紀子，生田麻実	DTP Operation	菊池 靖
Cover Design	小笠原真一，北村優奈（株式会社ロッケン）		

Photograph

006-007	Kumi/stock.adobe.com
008-009	presler_945/stock.adobe.com
010-011	paylessimages/stock.adobe.com
012-013	Pete Niesen Photo/stock.adobe.com
014-015	dunhill/stock.adobe.com
016-017	minspa/stock.adobe.com
018-019	NicoElNino/stock.adobe.com
020-021	©JAMSTEC
032-033	okimo/stock.adobe.com kikisora/stock.adobe.com
041	setsuna/stock.adobe.com
058-059	momo2oki/stock.adobe.com sakura/stock.adobe.com M・H/stock.adobe.com
066	NASA/JPL/USGS
070-071	Yan/stock.adobe.com
076	Koji Shibuya/stock.adobe.com
082	blueringmedia/stock.adobe.comを加筆改変
084	Earth theater/stock.adobe.com
085	wildestanimal/stock.adobe.com
086	（ジュゴン）vkilikov/stock.adobe.com，（ゼニガタアザラシ）danmir12/stock.adobe.com
087	（ラッコ）norikko/stock.adobe.com，（ホッキョクグマ）Don Landwehrle/stock.adobe.com
088	（イソマグロ）Anion/stock.adobe.com，（ジンベエザメ）crisod/stock.adobe.com，（ヌタウナギ）Vittorio Atsman/flickr.com
090	mikefuchslocher/stock.adobe.com
092	（イソガニ）Meshari/stock.adobe.com，（イセエビ）lastpresent/stock.adobe.com
093	（ホンヤドカリ）inubi/stock.adobe.com，（シャコ）CC BY 4.0，（シロスジフジツボ）林 亮太，（オキアミ類）RLS Photo/stock.adobe.com
098	（ヘビギンポ）petreltail/stock.adobe.com，（フナムシ）present4_u/stock.adobe.com，（ミスガイ）petreltail/stock.adobe.com，（クモヒトデ類）Paylessimages/stock.adobe.com
099	（ハナガサクラゲ）Daishi Naruse/flickr.com，（ムラサキカイメン）harum.koh/flickr.com，（アオサ類）photostudioYAMASA/stock.adobe.com，（カメノテ）jiro/stock.adobe.com
100	buttchi3/stock.adobe.com
102	（サケ）Nick Kashenko/stock.adobe.com，（サンマ）sakura/stock.adobe.com，（カツオ）funny face/stock.adobe.com
110-112	©JAMSTEC
118	©JAMSTEC
120	©JAMSTEC
124-126	©JAMSTEC
130	©JAMSTEC
134	©JAMSTEC/IODP
142	©JAMSTEC
161	Александра Голубцова/stock.adobe.com
176	OliverFoerstner/stock.adobe.com
177	Newton Press デザイン室
187-188	©JAMSTEC
192	RHJ/stock.adobe.com Björn Wylezich/stock.adobe.com Artinun/stock.adobe.com
194	bphoto/stock.adobe.com
196	Yusei/stock.adobe.com
197	makieni/stock.adobe.com 聡 足立/stock.adobe.com daisuke kurashima/EyeEm/stock.adobe.com

Illustration

024	scaliger/stock.adobe.com
026-028	Newton Press（地図データ：Reto Stöckli, NASA Earth Observatory）
030	Newton Press
034-038	Newton Press（地図データ：Reto Stöckli, NASA Earth Observatory）
040	Newton Press（地図データ：DEM Earth, 地図データ：©Google Sat）
044	Newton Press（地図データ：Reto Stöckli, NASA Earth Observatory）
048	Christian Pauschert/stock.adobe.com
048-052	Newton Press
054	黒田清桐
056	Design Convivia
060	黒田清桐
061	Newton Press
062	カサネ・治
062	Newton Press
064	ChemistryGod/stock.adobe.com
064	Newton Press
067-068	Newton Press
070	木下真一郎
072-074	Newton Press
074	bogadeva1983/stock.adobe.com
076	captainT/stock.adobe.com
078	月本佳代美
081	Newton Press
085	（ミンククジラ）東京海洋大学鯨類学研究室，（マッコウクジラ）Newton Press
089	Newton Press
091	Newton Press，デザイン室 岡田悠梨乃
094	黒田清桐
096	Newton Press
100	Newton Press
102	NADARAKA Inc.
108	James Steidl/stock.adobe.com

114	Newton Press
116	藤丸恵美子
122	Newton Press
128	小林 稔
132	矢田 明
133	小林 稔
136	Newton Press
140	出典：気象庁ホームページ（https://www.data.jma.go.jp/gmd/kaiyou/db/mar_env/knowledge/deoxy/deoxygenation.html）
140	気象庁「図1 溶存酸素量の鉛直分布図」（https://www.data.jma.go.jp/gmd/kaiyou/db/mar_env/knowledge/koyusui/yozonox.html）をもとに作成
146	Newton Press
148	Newton Press（地図データ：Reto Stöckli, NASA Earth Observatory）
149-174	Newton Press
180	Newton Press（地図データ：Reto Stöckli, NASA Earth Observatory）
182	Newton Press（地図データ：DEM Earth, 地図データ：©Google Sat）
184-186	Newton Press
190	加藤愛一
203	月本佳代美
207	藤丸恵美子

Galileo科學大圖鑑系列 21

VISUAL BOOK OF THE OCEAN

海洋大圖鑑

作者／日本Newton Press
特約主編／王原賢
翻譯／陳朕疆
編輯／蔣詩綺
發行人／周元白
出版者／人人出版股份有限公司
地址／231028新北市新店區寶橋路235巷6弄6號7樓
電話／(02)2918-3366（代表號）
傳真／(02)2914-0000
網址／www.jjp.com.tw
郵政劃撥帳號／16402311人人出版股份有限公司
製版印刷／長城製版印刷股份有限公司
電話／(02)2918-3366（代表號）
香港經銷商／一代匯集
電話／(852)2783-8102
第一版第一刷／2023年10月
定價／新台幣630元
港幣210元

國家圖書館出版品預行編目資料

海洋大圖鑑/Visual book of the ocean/
日本 Newton Press 作；
陳朕疆翻譯. -- 第一版. -- 新北市：
人人出版股份有限公司, 2023.10
面；　　公分. --（伽利略科學大圖鑑；21）

ISBN 978-986-461-352-6(平裝)

1.CST：海洋學

351.9　　112014431